普通高等教育"十三五"应用型人才培养规划教材

单片机技术实训教程

DANPIANJI JISHU SHIXUN JIAOCHENG

主　编／秦安碧　董　钢
副主编／景兴红　赵友贵　李成勇

西南交通大学出版社
·成都·

图书在版编目（CIP）数据

单片机技术实训教程 / 秦安碧，董钢主编. —成都：西南交通大学出版社，2015.6（2018.1 重印）
普通高等教育"十三五"应用型人才培养规划教材
ISBN 978-7-5643-3931-9

Ⅰ. ①单… Ⅱ. ①秦… ②董… Ⅲ. ①单片微型计算机–高等学校–教材 Ⅳ. ①TP368.1

中国版本图书馆 CIP 数据核字（2015）第 111497 号

普通高等教育"十三五"应用型人才培养规划教材
单片机技术实训教程
主编　秦安碧　董　钢

责任编辑	宋彦博
封面设计	墨创文化
出版发行	西南交通大学出版社 （四川省成都市二环路北一段 111 号 西南交通大学创新大厦 21 楼）
发行部电话	028-87600564　028-87600533
邮政编码	610031
网　　址	http://www.xnjdcbs.com
印　　刷	四川森林印务有限责任公司
成品尺寸	185 mm × 260 mm
印　　张	12.5
字　　数	311 千
版　　次	2015 年 6 月第 1 版
印　　次	2018 年 1 月第 2 次
书　　号	ISBN 978-7-5643-3931-9
定　　价	28.00 元

课件咨询电话：028-87600533
图书如有印装质量问题　本社负责退换
版权所有　盗版必究　举报电话：028-87600562

前　言

本书是针对普通高等教育应用型人才培养的特点而编写的单片机技术实训教程。全书从实际应用入手，把有关知识点分解成若干任务，以任务的形式由浅入深、循序渐进地讲解了用 C 语言为 51 单片机编程的方法、51 单片机的软硬件结构和各种功能应用。

与传统单片机教材不同，本书以"项目-任务"模式编写，书中每个项目的各个任务都是从简单到复杂，对应一个个知识点，层层递进。对于单片机的工作原理，书中采用 C 语言程序进行分析，使读者更容易理解。这些程序都经过了上机验证，学生可以直接应用到实际工程项目中。每个任务后都配有适量的练习题，学生可以在练习过程中独立思考，举一反三，巩固已学的知识，从而达到融会贯通的效果。

本书由 5 个项目，共 24 个任务组成。首先讲解接口和显示技术，一个任务对应一种常见的显示技术。然后以生活中常见的电子产品为实例，完成单片机核心技术——中断技术的学习。最后给出综合训练项目，把硬件仿真能力、传感器应用能力、综合编程能力融于一体，全面培养学生的动手能力。本书每个任务中都给出了实现步骤，学生只要照此一步一步地操作即可完成任务，从而降低了学习难度。此外，每个任务中都有能力提升部分，为学有余力的学生留下提升空间。

本书适合作为应用型本科或高等职业教育电子信息、机电类专业的单片机技术课程教材，或者作为高校大学生创新和电子设计培训教材，也适合作为 51 单片机初学者和从事单片机项目开发的技术人员，以及从事仪器仪表、自动控制、机电一体化、电力电子等工作的技术人员的参考书。

本书由秦安碧、董钢担任主编，由景兴红、赵友贵、李成勇担任副主编。在编写过程中，得到了学校相关领导、老师和同学的大力支持和帮助，在此一并表示最衷心的感谢！

由于编者水平有限，书中难免存在疏漏之处，敬请广大读者不吝赐教。

编　者
2014 年 9 月

目 录

项目一 构建单片机最小系统实训 1

    任务一 点亮一个 LED 2

    任务二 控制一个 LED 闪烁 9

    任务三 流水灯控制 20

项目二 接口与显示技术实训 35

    任务一 数码管显示 0~9 36

    任务二 数码管动态显示 0~999 999 42

    任务三 点阵显示电子广告牌 48

    任务四 数码管显示 4×4 矩阵键盘按键号 58

    任务五 LCD 1602 显示班级及学号 67

项目三 定时中断系统实训 74

    任务一 TIMER0 控制流水灯 75

    任务二 10 s 秒表 83

    任务三 INT0 及 INT1 中断计数 93

    任务四 用计数器中断实现 100 以内的按键计数 100

    任务五 甲机通过串口控制乙机 LED 108

    任务六 单片机之间双向通信 117

项目四 硬件应用设计实训 128

    任务一 74LS138 译码器的应用 128

    任务二 74HC595 串入并出芯片的应用 134

  任务三 74LS148 扩展中断 ··· 141

  任务四 ADC0808 控制 PWM 输出 ·· 144

  任务五 用 BCD 译码数码管显示数字 ······································ 151

项目五 综合实训 ·· 158

  任务一 可以调控的走马灯设计 ·· 159

  任务二 用数码管设计的可调式电子钟 ······································ 162

  任务三 电梯智能控制系统设计 ·· 167

  任务四 篮球计时计分器设计 ·· 171

  任务五 密码锁设计 ·· 182

附录 1 Proteus 软件的使用方法 ·· 191

附录 2 Keil 软件的使用方法 ·· 192

参考文献 ·· 193

项目一
构建单片机最小系统实训

本项目通过三个任务让学生掌握单片机最小系统的构成,同时介绍了 Keil 软件和 Proteus 软件的使用方法,并复习了 C 语言编程需要掌握的一些基础知识。该项目对后续项目的学习有很大的帮助和指导作用。

【知识目标】

(1)了解 AT89C51 单片机的结构;
(2)掌握 AT89C51 单片机的引脚功能;
(3)掌握 AT89C51 单片机最小系统电路设计;
(4)掌握 C 语言程序基本构成和基本语句;
(5)掌握 P0、P1、P2 和 P3 口的功能及应用技能;
(6)掌握内部数据存储器的地址分配及特殊功能寄存器;
(7)掌握 C 语言中的数据类型、常量和变量;
(8)熟练掌握单片机开发环境的使用。

【技能目标】

(1)完成单片机最小系统和输出电路的设计;
(2)应用 C 语言程序完成单片机输入/输出控制,实现对 LED 控制的设计、运行及调试;
(3)利用单片机 I/O 口实现点亮一个 LED 和控制 LED 闪烁;
(4)利用单片机 I/O 口实现控制 LED 循环点亮。

【情感目标】

(1)能养成谦虚、好学的态度,能利用各种媒体获取新知识、新技术;
(2)能提高分析问题、解决问题的能力;
(3)能提高对专业的学习兴趣;
(4)能提高沟通、交流的能力。

任务一　点亮一个 LED

任务目标

通过点亮一个 LED 的设计与仿真演示，初步认识单片机，了解单片机的最小系统和简单的单片机应用系统的制作过程，了解单片机应用系统的组成。

任务说明

本任务通过搭建单片机能够正常工作的最小系统，让学生了解单片机最小系统由哪几部分组成。其中 LED 的正极接 5 V 电源，负极接单片机 P1.0 口，通过点亮 LED 说明构建的单片机最小系统是能够正常工作的。Proteus 及 Keil 软件的使用方法分别见附录 1 和附录 2。

仿真电路图

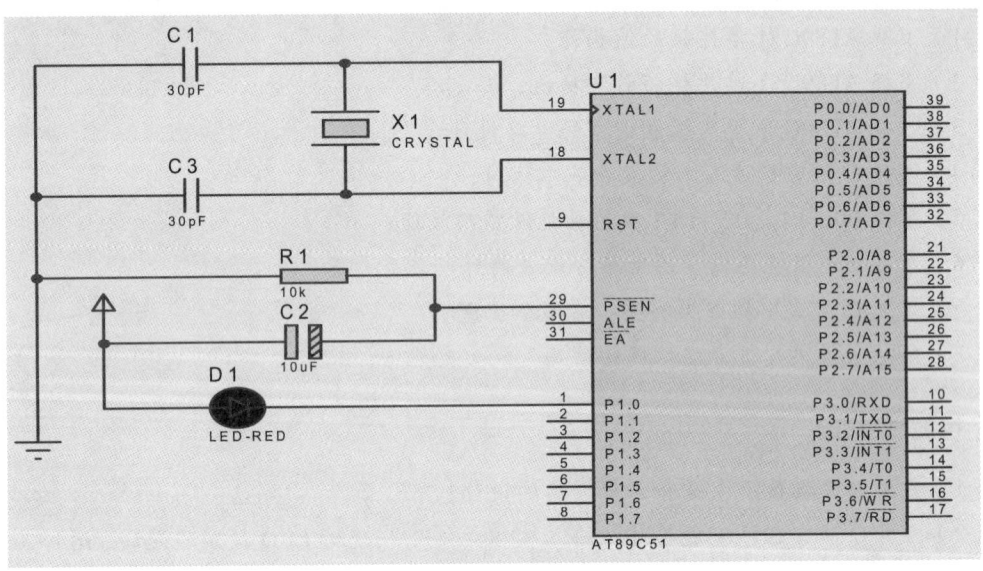

图 1.1.1　单片机最小系统仿真电路图

任务资讯

一、什么是单片机？

单片微型计算机（Single Chip Microcomputer）简称单片机，是指集成在一个芯片上的微型计算机，它的各种功能部件，包括 CPU（Central Processing Unit）、存储器（memory）、基本输入/输出（Input/Output，I/O）接口电路、定时/计数器和中断系统等，都制作在一块集成芯片上，构成一个完整的微型计算机。单片机内部基本结构如图1.1.2所示。由于它的结构与指令功能都是按照工业控制要求设计的，故又称为微控制器（Micro-Controller Unit，MCU）。

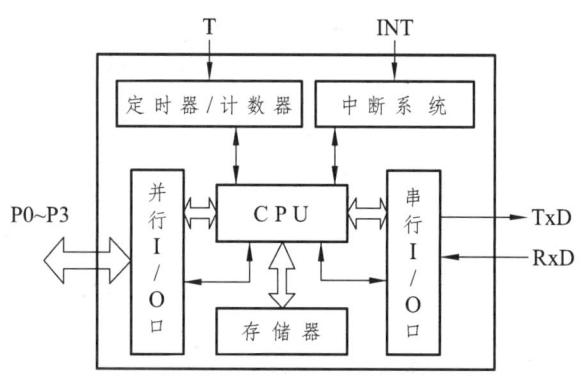

图1.1.2　单片机内部基本结构示意图

二、单片机的种类

单片机的发展经历了由4位机到8位机再到16位机的过程。

目前8位单片机仍是单片机的主流机型。

以下是目前常见的单片机类型：

- 美国微芯片公司的PIC16C××系列、PIC17C××系列、PIC1400系列；
- 美国英特尔公司的MCS-48和MCS-51系列；
- 美国摩托罗拉公司的MC68HC05系列和MC68HC11系列；
- 美国齐洛格公司的Z8系列；
- 日本电气公司的μPD78××系列；
- 美国莫斯特克公司和仙童公司合作生产的F8（3870）系列等。

三、51单片机的基本组成

（1）中央处理器（CPU）：8位，完成运算和控制功能。

（2）内部RAM：共256个RAM单元，用户使用前128个单元，用于存放可读写数据，后128个单元被专用寄存器占用。

（3）内部ROM：4 KB掩膜ROM，用于存放程序、原始数据和表格。

（4）定时/计数器：两个16位的定时/计数器，实现定时或计数功能。

（5）并行I/O口：4个8位的I/O口——P0、P1、P2、P3。

（6）串行口：一个全双工串行口。

（7）中断控制系统：5个中断源（2个外中断，2个定时/计数中断，1个串行中断）。

（8）时钟电路：可产生时钟脉冲序列，允许晶振频率为6 MHz和12 MHz。

四、51 单片机引脚简介

51 单片机的引脚排列如图 1.1.3 所示。

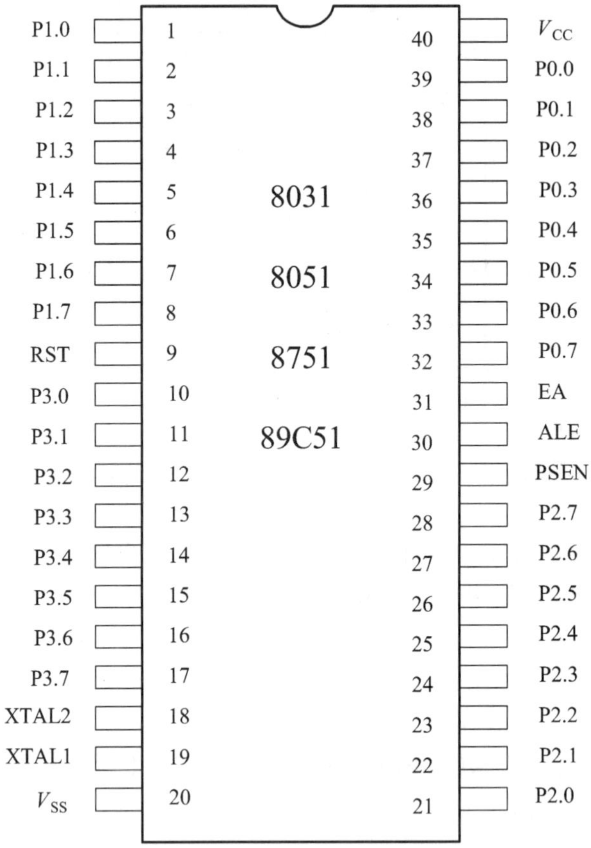

```
       P1.0  1          40  Vcc
       P1.1  2          39  P0.0
       P1.2  3          38  P0.1
       P1.3  4          37  P0.2
       P1.4  5   8031   36  P0.3
       P1.5  6          35  P0.4
       P1.6  7   8051   34  P0.5
       P1.7  8          33  P0.6
       RST   9   8751   32  P0.7
       P3.0  10         31  EA
       P3.1  11  89C51  30  ALE
       P3.2  12         29  PSEN
       P3.3  13         28  P2.7
       P3.4  14         27  P2.6
       P3.5  15         26  P2.5
       P3.6  16         25  P2.4
       P3.7  17         24  P2.3
       XTAL2 18         23  P2.2
       XTAL1 19         22  P2.1
       Vss   20         21  P2.0
```

图 1.1.3　51 单片机的引脚

（1）电源线：V_{CC}（+5 V）、V_{SS}（地）。

（2）振荡电路：XTAL1、XTAL2。

（3）复位引脚：RST。

（4）并行口：P0、P1、P2、P3。

（5）EA：访问程序存储控制信号。

（6）PSEN：外部 ROM 读选通信号。

（7）ALE：地址锁存控制信号。

五、时钟电路与复位电路

1. 时钟振荡电路

时钟振荡电路如图 1.1.4 所示。

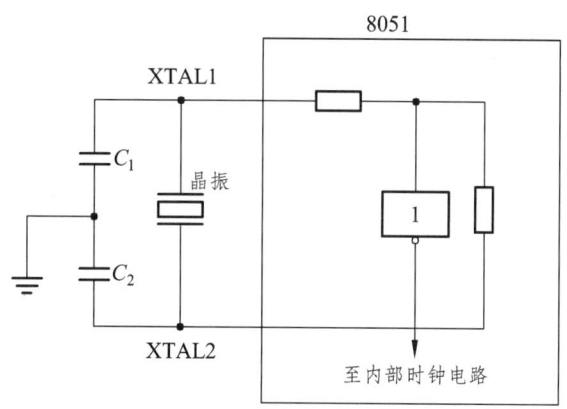

图 1.1.4　时钟振荡电路示意图

关于 MCS-51 系列单片机的时序概念有 4 个，可用定时长度来说明，从小到大依次是：节拍、状态、机器周期和指令周期，下面分别加以说明。

（1）节拍：把振荡脉冲的周期定义为节拍，用 P 表示，也就是晶振的振荡频率 f_{osc}。

（2）状态：振荡脉冲 f_{osc} 经过二分频后，就是单片机时钟信号的周期，定义为状态，用 S 表示。一个状态包含两个节拍，其前半周期对应的节拍叫 P1，后半周期对应的节拍叫 P2。

（3）机器周期：51 系列单片机采用定时控制方式，有固定的机器周期。规定一个机器周期的宽度为 6 个状态，即 12 个振荡脉冲周期，因此机器周期就是振荡脉冲的十二分频。

小提示：当振荡脉冲频率为 12 MHz 时，一个机器周期为 1 μs；当振荡脉冲频率为 6 MHz 时，一个机器周期为 2 μs。

2. 复位电路

复位电路如图 1.1.5 所示。

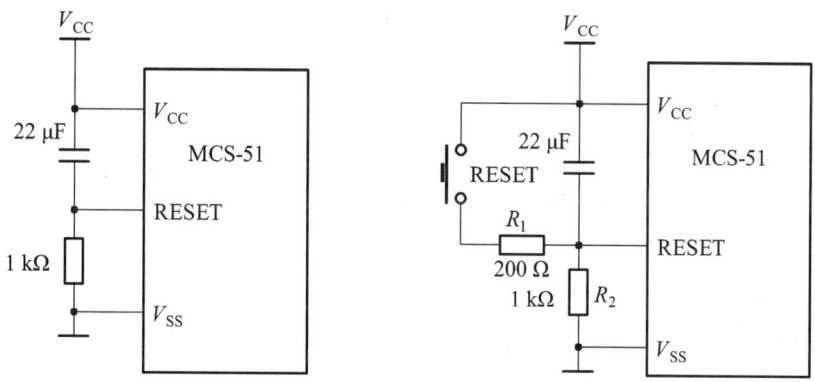

图 1.1.5　两种复位电路

单片机复位条件：必须使 RST 引脚持续 2 μs 高电平（外部时钟 12 MHz）。

在单片机 C 语言程序设计中，用户无须考虑程序的存放地址，编译程序会在编译过程中按照上述规定，自动安排程序的存放地址。

例如：C 语言是从 main() 函数开始执行的，编译程序会在程序存储器的 0000H 处自动存放一条转移指令，跳转到main()函数存放的地址；中断函数也会按照中断类型号，自动由编译程序安排存放在程序存储器相应的地址中。因此，读者只需了解程序存储器的结构就可以了。

任务实施

（1）搭建仿真电路图。本任务使用P1.0连接红色LED负极，正极接5 V电源。

（2）把以下程序代码放到Keil编译软件工具中，生成HEX文件，加载到仿真电路图中，观察显示效果。

```
#include <reg51.h>
sbit led1=P1^0;
main()
  {
    led1=0;
  }
```

任务评价

评价指标		分值	学生互评（40%）	老师评估（60%）	任务总评
任务内容	单片机基本知识	20			
	电路图认知	20			
	单片机芯片选择	20			
	单片机型号和引脚功能	20			
现场管理	出勤情况	5			
	机房纪律	5			
	团队协作精神	5			
	保持机房卫生	5			

任务练习

（1）要求把LED负极接到P2.1口，连接电路，点亮发光管。

（2）仿真成功后，将代码下载到实验箱继续调试。

知识拓展

一、电子计算机的发展概述

1946年2月15日，第一台电子计算机——ENIAC问世，这标志着计算机时代的到来。

（1）ENIAC是电子管计算机，时钟频率仅有100 kHz，但能在1 s的时间内完成5 000次加法运算。

（2）与现代的计算机相比，ENIAC 有许多不足，但它的问世开创了计算机科学技术的新纪元，对人类的生产和生活方式产生了巨大的影响。

数学家冯·诺依曼在计算机逻辑结构方案的设计上做出了重要的贡献。1946 年 6 月，他又提出了"程序存储"和"二进制运算"的思想，进一步构建了计算机由运算器、控制器、存储器、输入设备和输出设备组成的经典结构。

电子计算机技术的发展相继经历了五个时代，即电子管计算机、晶体管计算机、集成电路计算机、大规模集成电路计算机和超大规模集成电路计算机时代。

迄今为止，计算机的结构仍然没有突破冯·诺依曼提出的经典结构框架。

二、单片机的特点

（1）控制性能和可靠性高。

单片机的位操作能力是其他计算机无法比拟的。另外，由于 CPU、存储器及 I/O 接口集成在同一芯片内，各部件间的连接紧凑，数据在传送时受干扰的影响较小，且不易受环境条件的影响，所以单片机的可靠性非常高。

近期推出的单片机产品，内部集成有高速 I/O 口、ADC、PWM、WDT 等部件，并在低电压、低功耗、串行扩展总线、控制网络总线和开发方式（如在系统编程 ISP）等方面都有了进一步的增强。

（2）体积小、价格低、易于产品化。

单片机芯片即是一台完整的微型计算机，对于大批量的专用场合，一方面可以在众多的单片机品种间进行匹配选择，同时还可以专门进行芯片设计，使芯片的功能与应用具有良好的对应关系。在单片机产品的引脚封装方面，有的单片机引脚已减少到 8 个或更少，从而使应用系统的印制板减小、接插件减少、安装简单方便。

三、单片机的应用领域

（1）智能仪器仪表。

将单片机用于各种仪器仪表，一方面扩展了仪器仪表的功能，提高了其精度，使仪器仪表智能化；另一方面简化了仪器仪表的硬件结构，从而可以方便地完成仪器仪表产品的升级换代。其典型产品有各种智能电气测量仪表、智能传感器等。

（2）机电一体化产品。

机电一体化产品是集机械技术、微电子技术、自动化技术和计算机技术于一体，具有智能化特征的各种机电产品。单片机在机电一体化产品的开发中可以发挥巨大的作用。典型产品有机器人、数控机床、自动包装机、点钞机、医疗设备、打印机、传真机、复印机等。

（3）实时工业控制。

单片机还可以用于各种物理量的采集与控制。电流、电压、温度、液位、流量等物理参数的采集和控制均可以利用单片机方便地实现。在这类系统中，利用单片机作为系统控制器，可以根据被控对象的不同特征采用不同的智能算法，实现期望的控制指标，从而提高生产效率和产品质量。典型应用有电机转速控制、温度控制、自动生产线等。

（4）分布式系统的前端模块。

在较复杂的工业系统中，经常要采用分布式测控系统完成大量的分布参数的采集。在这类系统中，采用单片机作为分布式系统的前端采集模块，系统具有运行可靠、数据采集方便灵活、成本低廉等一系列优点。

（5）家用电器。

家用电器是单片机的又一重要应用领域，前景十分广阔，如空调、电冰箱、洗衣机、电饭煲、高档洗浴设备、高档玩具等。

另外，在交通领域，如汽车、火车、飞机、航天器中均有单片机的广泛应用，如汽车自动驾驶系统、航天测控系统、黑匣子等。

四、LED 简介

LED 即发光二极管，是一种把电能变成光能的半导体器件。当给 LED 加上正向偏压时，有电流流过二极管，LED 就会发光。LED 与普通二极管一样具有单向导电性。有发光颜色为红、黄、绿等的单色二极管，另外还有一种能发红色和绿色光的双色二极管。

LED 可以由直流、交流、脉冲电源点亮，常用作指示，工作电流一般为几毫安到几十毫安，正向电压一般在 1.5～2.5 V。与单片机连接时，一般要加限流电阻。LED 的驱动，可分为低电平点亮和高电平点亮两种。

LED 的特点是寿命长、能耗低、显色性高、易维护、体积小、直流电驱动、点亮速度快、无频闪、眩光少、耐震性强、散热好、防爆（无高气压元件）等。鉴于 LED 的技术特点，目前主要将其应用于以下几大方面：

（1）显示屏和交通信号灯；

（2）汽车车灯；

（3）LED 背光源；

（4）室内装饰灯和景观照明灯；

（5）LED 照明光源。

任务思考

一、认识电子元件

(a)   (b)

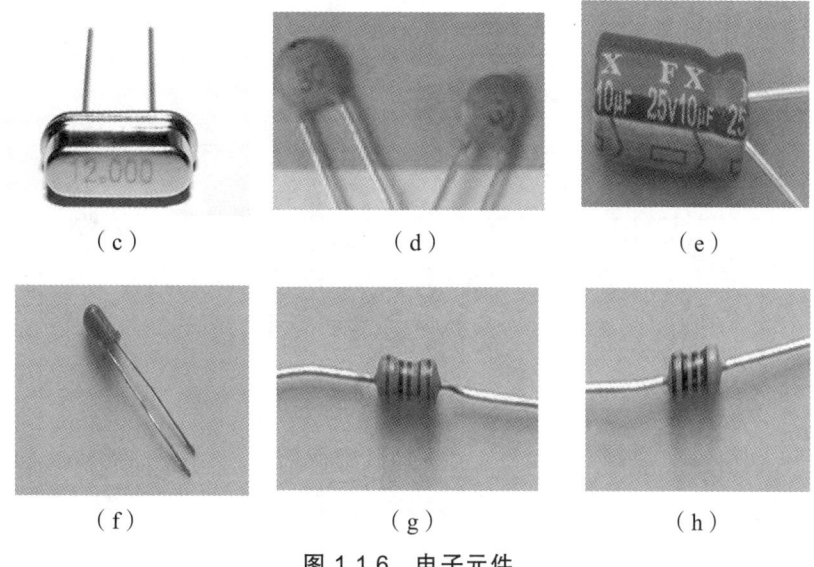

图 1.1.6 电子元件

二、思考题

（1）LED 怎样才会亮？
（2）单片机如何与 LED 连接？为什么要接一个电阻？

三、技能提高

任务 1：利用 P1 口输出控制 8 个 LED，实现 8 个 LED 同时点亮，设计方案如何修改？
评价要点：流程图绘制、硬件电路原理图修改、软件程序修改、软硬件联调、实物连接。
任务 2：用 P0 口输出控制 8 个 LED，分别点亮和熄灭，电路如何连接？程序如何修改？
评价要点：硬件电路原理图修改、软件程序修改、软硬件联调、实物连接。

任务二　控制一个 LED 闪烁

任务目标

通过控制一个 LED 闪烁的设计与仿真演示，熟练掌握单片机最小系统，了解单片机并行口的特点，熟悉 C 语言基本语句（选择语句）及简单的延时语句。

任务说明

本任务采用上一个任务的电路图，让学生进一步熟悉单片机最小系统的构成，了解单片机并行口 P1 的功能及每组并行口的区别。

仿真电路图

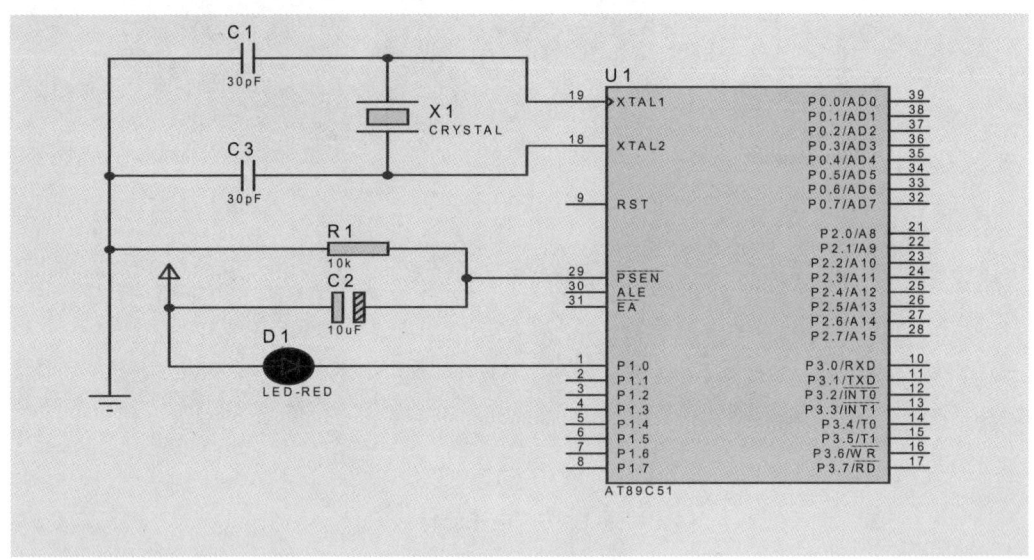

图 1.2.1 仿真电路图

任务资讯

一、并行 I/O 口

MCS-51 系列单片机共有 4 个 8 位并行 I/O 口，分别用 P0、P1、P2、P3 表示。
每个 I/O 口既可以按位操作使用单个引脚，也可以按字节操作使用 8 个引脚。

1. P0 口

当 P0 口作为输出口使用时，内部总线将数据送入锁存器，内部的写脉冲加在锁存器时钟端 CP 上，锁存数据到 Q 端。数据经过 MUX、T2 反相后正好是内部总线的数据，送到 P0 口引脚输出。

当 P0 口作为输入口使用时，应区分读引脚和读端口两种情况。所谓读引脚，就是读芯片引脚的状态，这时使用下方的数据缓冲器，由"读引脚"信号把缓冲器打开，把端口引脚上的数据从缓冲器通过内部总线读进来。

读端口是指通过上面的缓冲器读锁存器 Q 端的状态。读端口是为了适应对 I/O 口进行"读-修改-写"操作语句的需要。例如下面的 C51 语句：

    P0=P0&0xf0;   //将 P0 口的低 4 位引脚清 0 输出

除了 I/O 功能以外，在进行单片机系统扩展时，P0 口是作为单片机系统的地址/数据线使用的，一般称为地址/数据分时复用引脚。

当输出地址或数据时，由内部发出控制信号，使"控制"端为高电平，打开与门，并使

10

多路开关MUX处于内部地址/数据线与驱动场效应管栅极反相接通状态。此时，输出驱动电路由于两个场效应管处于反相状态，形成推拉式电路结构，使负载能力大为提高。输入数据时，数据信号直接从引脚通过输入缓冲器进入内部总线。

2. P1口

P1口是准双向口，只能作为通用I/O口使用。

P1口作为输出口使用时，无须再外接上拉电阻。

P1口作为输入口使用时，应区分读引脚和读端口。读引脚时，必须先向电路中的锁存器写入"1"，使输出级的场效应管截止。

3. P2口

P2口是准双向口，在实际应用中，可用于为系统提供高8位地址，也能作为通用I/O口使用。

P2口作为输出口使用时，与P1口一样无须再外接上拉电阻。

P2口作为输入口使用时，应区分读引脚和读端口。读引脚时，必须先向锁存器写入"1"。

4. P3口

P3口是准双向口，可以作为通用I/O口使用，还可以作为第二功能使用。作为第二功能使用的端口，不能同时当作通用I/O口使用，但其他未被使用的端口仍可作为通用I/O口使用。

P3口作为输出口使用时，不用外接上拉电阻。

二、电平特性

数字电路中只有两种电平：高电平和低电平。本书中单片机采用TTL电平，即高电平为+5 V，低电平为0 V。

数据表示通常采用二进制，+5 V等价于逻辑1，0 V等价于逻辑0。

三、二进制数的逻辑运算

1."与"运算

"与"运算是实现"必须都有，否则就没有"这种逻辑关系的一种运算。其运算符为"·"，运算规则如下：0·0=0，0·1=1·0=0，1·1=1。

2."或"运算

"或"运算是实现"只要其中之一有，就有"这种逻辑关系的一种运算。其运算符为"+"，运算规则如下：0+0=0，0+1=1+0=1，1+1=1。

3. "非"运算

"非"运算是实现"求反"这种逻辑关系的一种运算,如变量 A 的"非"运算记作 $\bar{A}$。其运算规则如下:$\bar{1}=0$,$\bar{0}=1$。

4. "异或"运算

"异或"运算是实现"必须不同,否则就没有"这种逻辑关系的一种运算。其运算符为"⊕",运算规则是:$0⊕0=0$,$0⊕1=1$,$1⊕0=1$,$1⊕1=0$。

四、C语言复习——认识C语言

C语言程序以函数形式组织程序结构,其中函数与其他语言中所描述的"子程序"或"过程"的概念是一样的。C语言程序结构如图1.2.2所示。

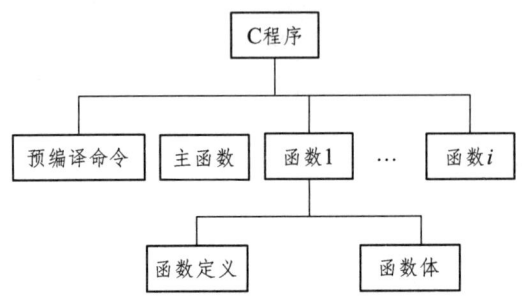

图1.2.2 C语言程序结构示意图

一个C语言源程序是由一个或若干个函数组成,每一个函数完成相对独立的功能。每个C语言程序都必须有且仅有一个主函数main(),程序的执行总是从主函数开始,调用其他函数后返回主函数main()。不管函数的排列顺序如何,最后在主函数中结束整个程序。

C语言程序中可以有预处理命令。预处理命令通常放在源程序的最前面。

C语言程序使用";"作为语句的结束符。一条语句可以分多行书写,也可以一行书写多条语句。

C语言具有结构化语言、丰富的数据类型、便于维护管理等优势。与汇编语言相比,C语言的优点如下:

(1)不要求编程者详细了解单片机的指令系统,但需了解单片机的存储器结构;
(2)寄存器分配、不同存储器的寻址及数据类型等细节可由编译器管理;
(3)结构清晰,程序可读性强;
(4)编译器提供了很多标准库函数,具有较强的数据处理能力。

五、C语言复习——C语言的基本语句

C语言程序的执行部分由语句组成。C语言提供了丰富的程序控制语句,按照结构化程

序设计的基本结构——顺序结构、选择结构和循环结构，组成各种复杂程序。这些语句主要包括表达式语句、复合语句、选择语句和循环语句等。

1. 表达式语句和复合语句

表达式语句是最基本的 C 语言语句。表达式语句由表达式加上分号";"组成，其一般形式如下：

表达式；

执行表达式语句就是计算表达式的值。

在 C 语言中有一个特殊的表达式语句，称为空语句。空语句中只有一个分号";"，程序执行空语句时需要占用一条指令的执行时间，但是什么也不做。在 C51 程序中常常把空语句作为循环体，用于消耗 CPU 时间等待事件发生的场合。

可把多条语句用大括号"{}"括起来，组成具有一定功能的模块，这种由若干条语句组合而成的语句块称为复合语句。在程序中应把复合语句看成单条语句，而不是多条语句。

复合语句在程序运行时，"{}"中的各行语句是依次执行的。在 C 语言的函数中，函数体就是一个复合语句。

2. 选择语句

1) 基本 if 语句

基本 if 语句的格式如下：

if（表达式）
　　{
　　　　语句组；
　　}

if 语句的执行过程：当"表达式"的结果为"真"时，执行其后的"语句组"，否则跳过该语句组，继续执行下面的语句，如图 1.2.3 所示。

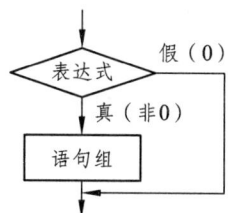

图 1.2.3　if 语句执行过程示意图

if 语句中的"表达式"通常为逻辑表达式或关系表达式，也可以是任何其他的表达式或类型数据，只要表达式的值非 0 即为"真"。例如，以下语句都是合法的：

if（3）{……}
if（x=8）{……}
if（P3 0）{……}

在 if 语句中,"表达式"必须用括号括起来。

在 if 语句中,"{}"里面的语句组如果只有一条语句,可以省略括号,如"if(P3_0==0) P1_0=0;"语句。但是为了提高程序的可读性和防止程序书写错误,建议读者在任何情况下,都加上括号。

2) if-else 语句

if-else 语句的一般格式如下:

if(表达式)
　{
　　　语句组 1;
　}
else
　{
　　　语句组 2;
　}

if-else 语句的执行过程:当"表达式"的结果为"真"时,执行其后的"语句组 1",否则执行"语句组 2",如图 1.2.4 所示。

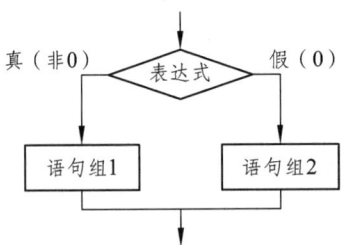

图 1.2.4　if-else 语句执行过程示意图

3) if-else-if 语句

if-else-if 语句是由 if-else 语句组成的嵌套结构,用来实现多个条件分支的选择,其一般格式如下:

if(表达式 1)
　{
　　　语句组 1;
　}
else if(表达式 2)
　{
　　　语句组 2;
　}
　……
else if(表达式 n)

```
    {
        语句组 n;
    }
else
    {
        语句组 n+1;
    }
```

if-else-if 语句的执行过程如图 1.2.5 所示。

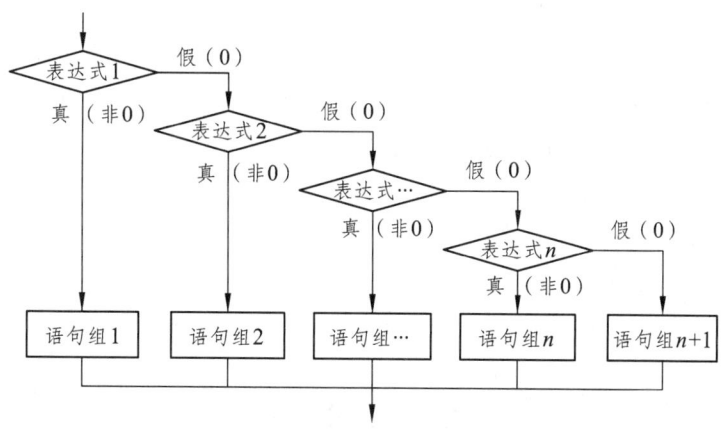

图 1.2.5　if-else-if 语句执行过程示意图

4）switch 语句

多分支选择的 switch 语句，其一般形式如下：

```
switch(表达式)
    {
        case 常量表达式 1:    语句组 1;break;
        case 常量表达式 2:    语句组 2;break;
            ……
        case 常量表达式 n:    语句组 n;break;
        default:              语句组 n+1;
    }
```

该语句的执行过程是：首先计算表达式的值，并逐个与 case 后的常量表达式的值相比较，当表达式的值与某个常量表达式的值相等时，则执行对应该常量表达式后的语句组，再执行 break 语句，跳出 switch 语句，继续执行下一条语句。如果表达式的值与所有 case 后的常量表达式的值均不相同，则执行 default 后的语句组。

任务实施

（1）搭建仿真电路图。本任务使用 P1.0 连接红色 LED 负极，正极接 5 V 电源。

（2）把以下程序代码放到Keil编译软件工具中，生成HEX文件，加载到仿真电路图中，观察显示效果。

```c
#include"reg51.h"//库文件声明
#define uint unsigned int//宏定义无符号整型常量
sbit led1=P1^0;//定义位变量
main()
  {
   uint i,j;
   led1=0;
   for(i=1000;i>0;i--)
     for(j=110;j>0;j--);//延时作用
   led1=1;
   for(i=1000;i>0;i--)
     for(j=110;j>0;j--);
  }
```

任务评价

评价指标		分值	学生互评（40%）	老师评估(60%)	任务总评
任务内容	I/O知识	20			
	电路图认知	20			
	任务程序设计	20			
	任务完成效果	20			
现场管理	出勤情况	5			
	实验纪律	5			
	团队协作精神	5			
	保持实验室卫生	5			

任务练习

（1）要求把LED负极接到P2.1口，连接电路完成任务。

（2）仿真成功后，将代码下载到实验箱继续调试。

（3）加入一个按键，控制LED的闪烁。

知识拓展

一、P0 口逻辑电路

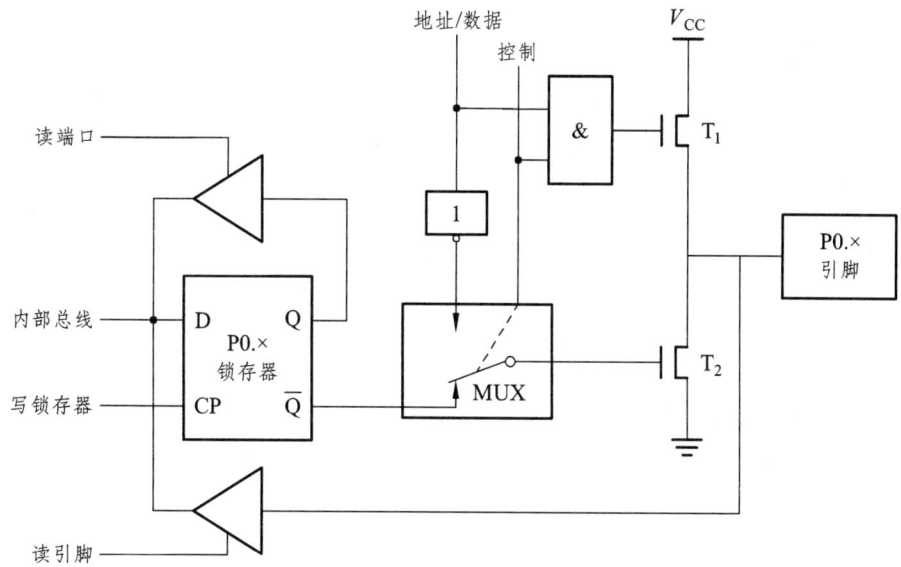

图 1.2.6　P0 口逻辑电路图

二、P1 口逻辑电路

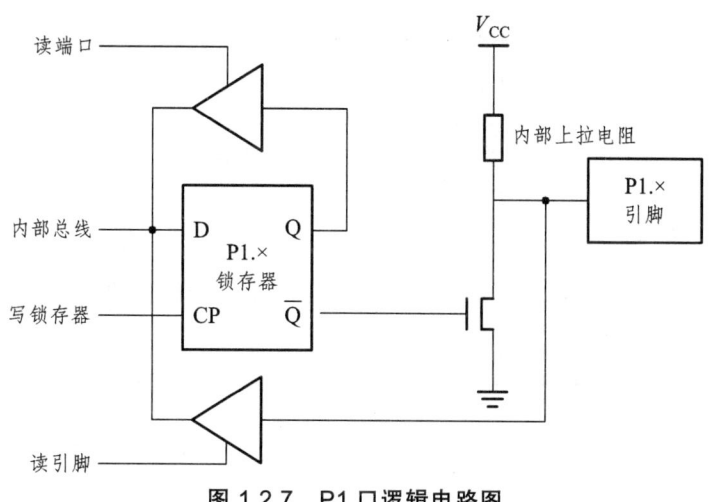

图 1.2.7　P1 口逻辑电路图

三、P2口逻辑电路

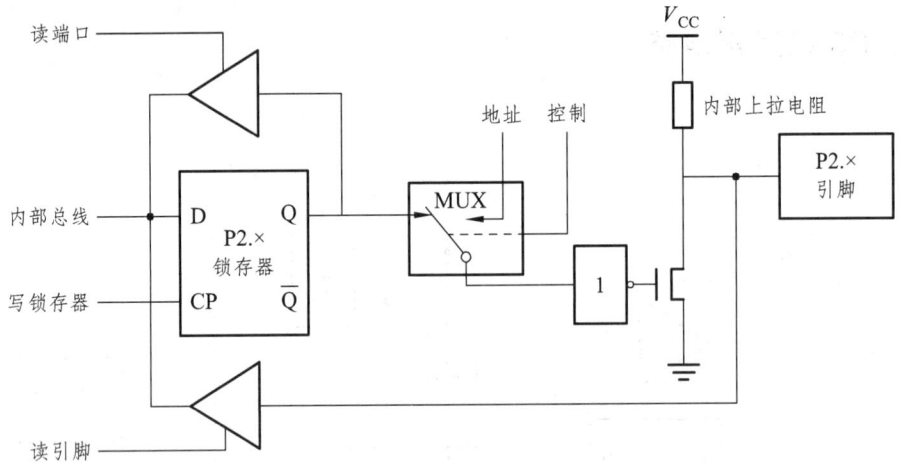

图 1.2.8　P2口逻辑电路图

四、P3口逻辑电路

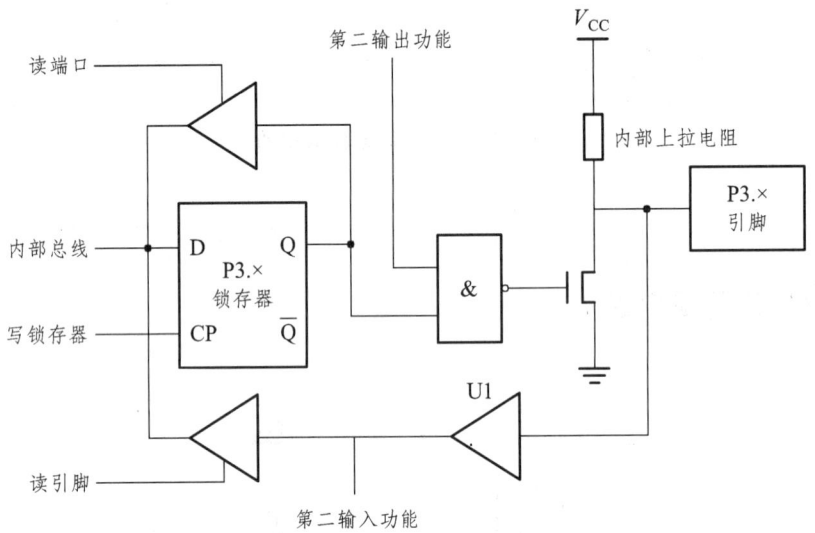

图 1.2.9　P3口逻辑电路图

五、P3口的第二功能

P3口除了作为一般的 I/O 端口外，更重要的用途是它的第二功能，如表 1.2.1 所示。

表 1.2.1　P3口各引脚的第二功能

第一功能	第二功能	第二功能信号名称
P3.0	RxD	串行数据接收
P3.1	TxD	串行数据发送
P3.2	$\overline{INT0}$	外部中断0申请

续表 1.2.1

第一功能	第二功能	第二功能信号名称
P3.3	$\overline{INT1}$	外部中断 1 申请
P3.4	T0	定时器/计数器 0 的外部输入
P3.5	T1	定时器/计数器 1 的外部输入
P3.6	$\overline{WR}$	外部 RAM 写选通
P3.7	$\overline{RD}$	外部 RAM 读选通

任务思考

一、填空题

（1）单片机应用系统是由_____和_____组成的。

（2）除了单片机和电源外，单片机最小系统包括_____和_____。

（3）在进行单片机应用系统设计时，除了电源和地线引脚外，XTAL1、_____、_____、RST 引脚信号必须连接相应电路。

（4）MCS-51 系列单片机的 XTAL1 和 XTAL2 引脚是_____。

（5）MCS-51 系列单片机的应用程序一般存放在_____中。

（6）MCS-51 系列单片机的复位电路有两种，即_____、_____。

（7）在 MCS-51 系列单片机的 4 个并行 I/O 端口中，常用于第二功能的是_____。

（8）用 C51 编程访问 MCS-51 单片机的并行 I/O 端口时，可以按_____，还可以按_____。

（9）一个 C 语言源程序_____主函数 main()。

（10）结构化程序设计的三种基本结构是_____、_____和_____。

（11）表达式语句由表达式加上_____组成。

（12）在单片机的 C 语言程序设计中，unsigned char 类型数据经常用于处理 ASCII 字符或用于处理小于等于_____的整型数。

二、思考题

（1）51 单片机的 4 个 I/O 端口有何区别？

（2）P3 口的第二功能有哪些？

三、技能提高

任务 1：修改设计方案，利用 P1 口输出控制 8 个 LED，实现 8 个信号灯同时闪烁。

评价要点：流程图绘制、硬件电路原理图修改、软件程序修改、软硬件联调、实物连接。

任务 2：修改电路连接和程序代码，用 P3 口输出控制 8 个 LED，实现 8 个信号灯同时闪烁。

评价要点：硬件电路原理图修改、软件程序修改、软硬件联调、实物连接。

任务 3：利用 P1 口控制 8 个按键，每个按键控制 P3 口连接的 LED 闪烁，修改电路连接和程序代码，实现 8 个信号灯同时闪烁。

评价要点：硬件电路原理图修改、软件程序修改、软硬件联调、实物连接。

任务三　流水灯控制

任务目标

通过控制 8 个 LED 实现流水灯的设计与仿真演示，熟练掌握编程软件 Keil 及仿真软件 Proteus，熟悉数组及循环结构（while、for）的基本用法。

任务说明

（1）仿真电路如图 1.3.1 所示，编写代码实现 8 个 LED 间隔大约 1 s 的流水灯效果；
（2）建立工程 1-3-1，采用顺序结构完成要求；
（3）建立工程 1-3-2，采用数组形式完成要求；
（4）建立工程 1-3-3，利用 C51 库函数完成要求。

单片机执行速度很快，要看到 LED 亮灭的效果，必须采取延时的办法实现。不同的 I/O 口显示控制可通过数组实现，以减少程序代码，优化程序结构。

仿真电路图

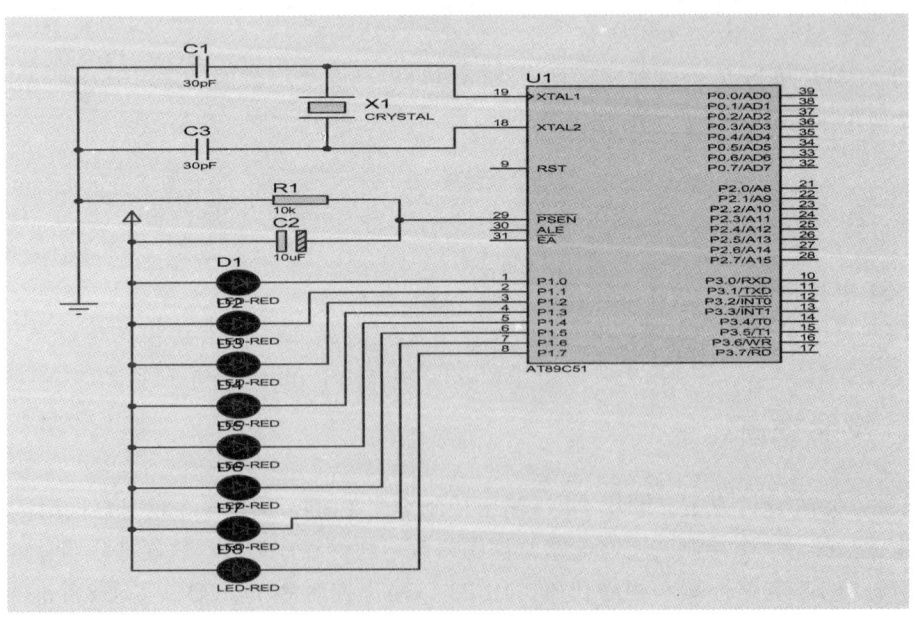

图 1.3.1　仿真电路图

任务资讯

一、Keil C51 软件的使用

（1）启动 Keil C51，如图 1.3.2 所示。

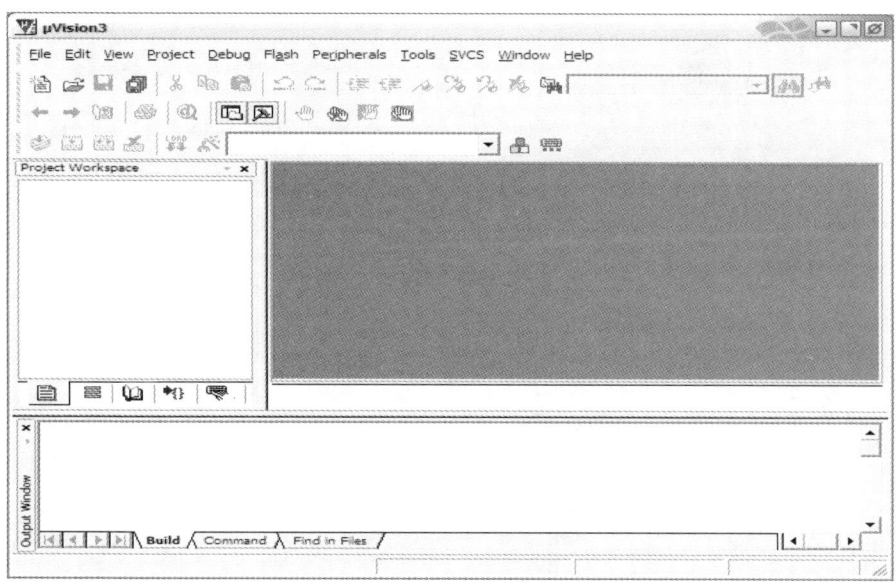

图 1.3.2　Keil C51 启动窗口

（2）建立工程文件，如图 1.3.3 所示。

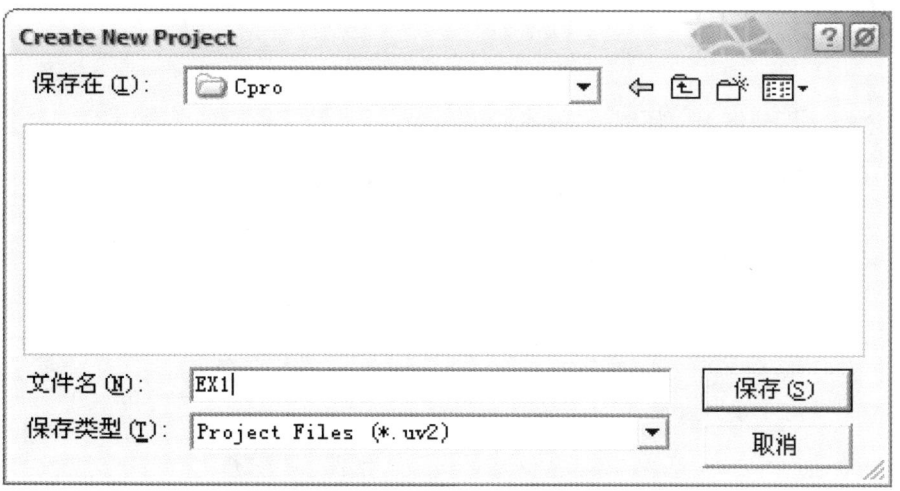

图 1.3.3　建立工程文件

（3）选择目标 CPU，如图 1.3.4 所示。

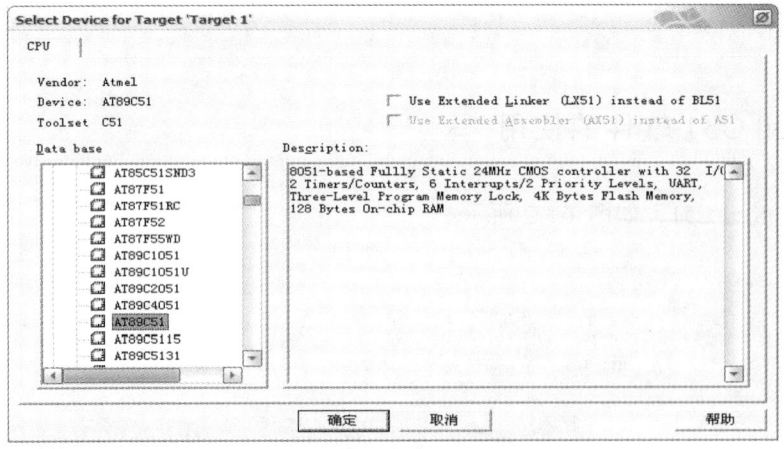

图 1.3.4　选择目标 CPU

（4）在文本编辑窗口编写程序，如图 1.3.5 所示。

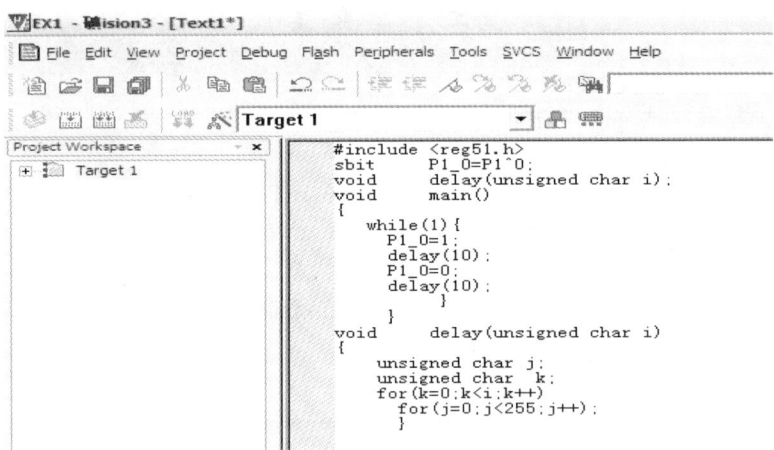

图 1.3.5　文本编辑窗口

（5）增加文件到组中，如图 1.3.6 所示。

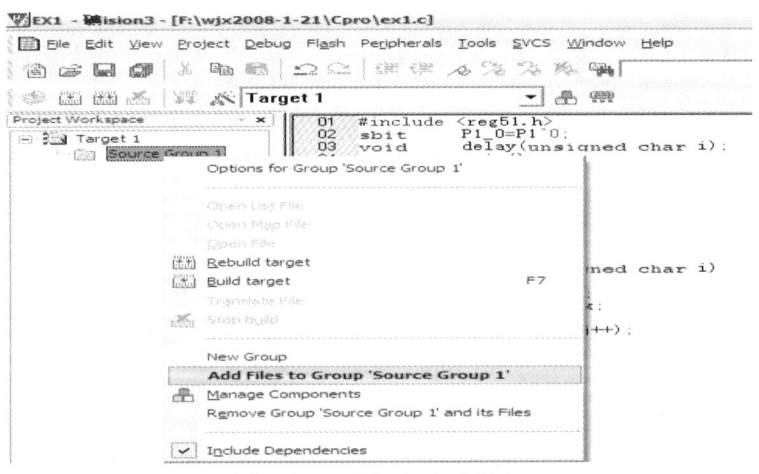

图 1.3.6　增加文件到组中

（6）选择文件类型，如图1.3.7所示。

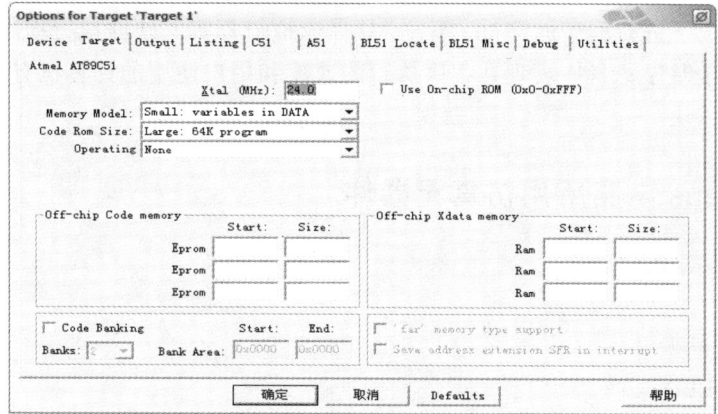

图 1.3.7　选择文件类型

（7）配置目标属性，如图1.3.8所示。

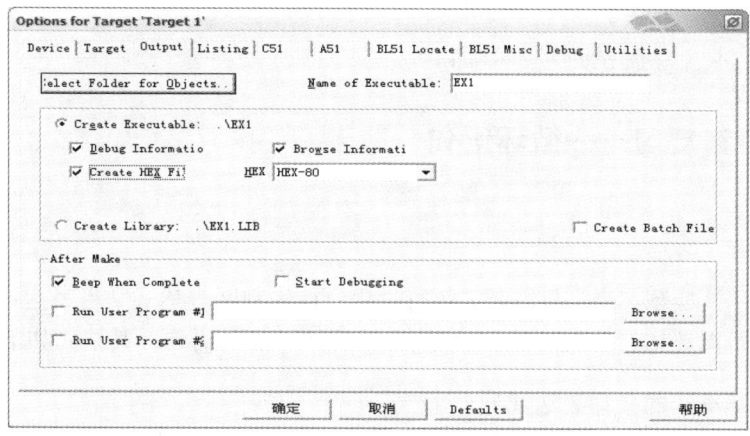

图 1.3.8　配置目标属性

（8）产生执行文件，如图1.3.9所示。

图 1.3.9　产生执行文件

（9）选择仿真方式，如图 1.3.10 所示。

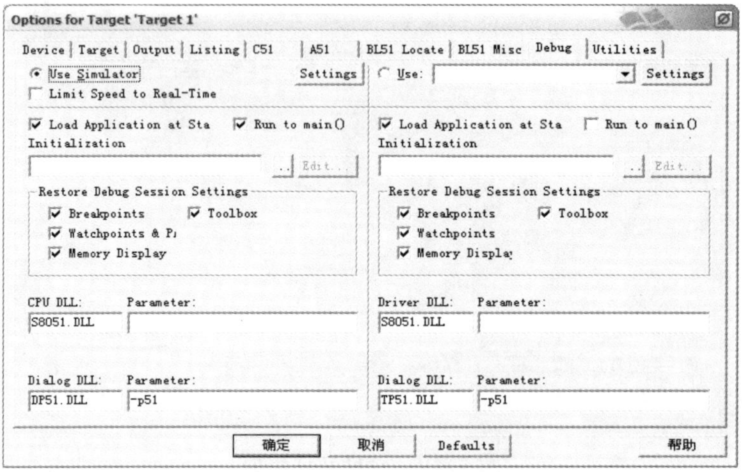

图 1.3.10　选择仿真方式

Keil C51 内建了一个仿真 CPU 来模拟执行程序，该仿真 CPU 功能强大，可以在没有硬件和仿真器的情况下进行程序的调试。不过，软件模拟与真实的硬件执行程序还是有区别的，其中最明显的就是时序，具体表现在程序执行的速度和用户使用的计算机有关，计算机性能越好，运行速度越快。

二、Proteus 电路所用仿真元器件

AT89C51：单片机；
RES：电阻；
CRYSTAL：晶振；
LED-RED：LED；
CAP：电容；
CAP-ELEC：电解电容；
BUTTON：按键；
POWER：电源+5 V；
GROUND：电源接地 0 V。

三、C 语言复习——循环语句

1. while 语句

while 语句用来实现"当型"循环。执行过程：首先判断表达式，当表达式的值为真（非0）时，反复执行循环体；为假（0）时，执行循环体外面的语句。其格式如下：

while（循环继续的条件表达式）
　{　语句组；}

While 语句的执行过程如图 1.3.11 所示：

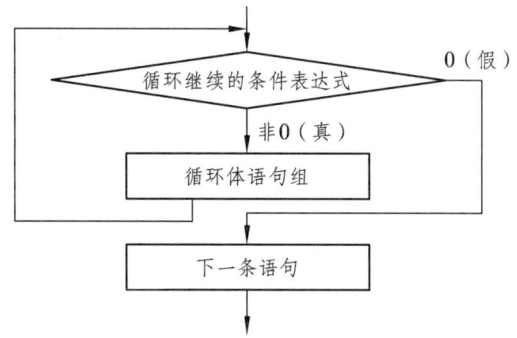

图 1.3.11　While 语句执行过程示意图

请问：下述程序实现了什么功能？

```
main( )
  { int i,sum=0;
    while(i<=10)
      { sum=sum+i;
          i++; }
  }
```

2. do-while 语句

do-while 语句用来实现"直到型"循环。执行过程：先无条件执行一次循环体，然后判断条件表达式，当表达式的值为真（非 0）时，反复执行循环体，直到条件表达式为假（0）。其格式如下：

```
do
  {
    循环体语句组；
  } while(循环继续条件);
```

do-while 语句的执行过程如图 1.3.12 所示。

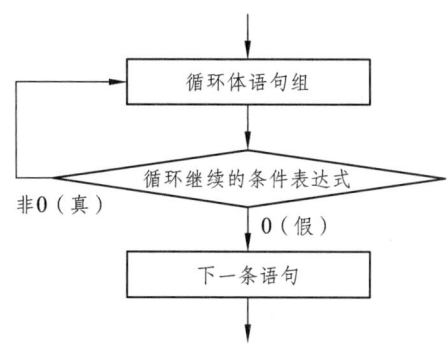

图 1.3.12　do-while 语句执行过程示意图

请问：下述程序实现了什么功能？

```
main( )
  { int i,sum=0;
    do
      { sum=sum+i;
        i++;
      } while(i<=100);
  }
```

3. for 语句

总循环次数已确定的情况下，可采用 for 语句。for 语句的一般形式如下：

for(循环变量赋初值；循环继续条件；循环变量增值)
　　{
　　　　循环体语句组；
　　}

for 语句的执行过程如图 1.3.13 所示。

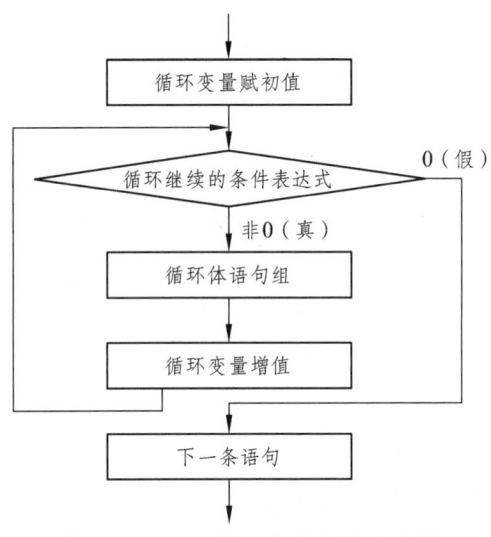

图 1.3.13　for 语句执行过程示意图

for 语句不仅可用于循环次数已经确定的情况，也可用于循环次数虽不确定，但给出了循环继续条件的情况，它完全可以代替 while 语句和 do-while 语句。

请问：下述程序实现了什么功能？

```
main( )
  { int i,y=0;
    for(i=1;i<=10;i++)
      { y=y+i; }
  }
```

四、C 语言复习——数组

1. 数组的概念

数组属于常用的数据类型，数组中的元素有固定数目和相同类型，数组元素的数据类型就是该数组的基本类型。例如，整型数据的有序集合称为整型数组，字符型数据的有序集合称为字符型数组。

数组还分为一维、二维、三维和多维数组等，常用的是一维、二维数组。

2. 数组的基本特点

数组是有序数据的集合。数组中的每一个元素都属于同一个数据类型，用一个统一的数组名和下标来唯一地确定数组中的元素。

应用场合：需要处理的数据为数量已知的若干相同类型的数据。

注意：数组应先定义，后使用。

3. 一维数组的定义和引用

1) 一维数组的定义

一般格式：类型标识符　数组名[常量表达式]；

例如：

```
int array[10];
unsigned char num[7];
```

说明：

① 数组名：数组名中存放的是一个地址常量，它代表整个数组的首地址。同一数组中的所有元素，按其下标的顺序占用一段连续的存储单元。

② 注意定义中采用的是方括号而非圆括号。

③ 常量表达式：可以是常量或符号常量，表示数组元素的个数（也称数组长度）。不允许对数组大小做动态定义。

④ 数组元素下标从 0 开始：array[0]，array[1]，…，array[9]。

2) 一维数组的引用

数组元素的表达形式：数组名[下标表达式]

例如：

Array[4]= 100;　array[8]=34;　array[10]=56;

注意：数组下标不能越界；一个数组元素具有和相同类型单个变量一样的属性，可以对它赋值和使其参与各种运算。

一维数组的初始化一般格式：

数据类型　数组名[常量表达式] = {初值表};

例如：

① 定义时赋初值：int score[5]={1,2,3,4,5};

② 给一部分元素赋值：int score[5]={1,2};

③ 使所有元素为0：int score[5]={0};

④ 给全部数组元素赋初值时，可以不指定数组长度：int score[]={1,2,3,4,5};

任务实施

（1）搭建仿真电路图。本任务使用P1口连接8个红色LED负极，正极接5 V电源。

（2）建立工程1-3-1，把以下程序代码放到Keil编译软件工具中，生成HEX文件，加载到仿真电路图中，观察显示效果。

```
#include"reg51.h"
#define uint unsigned int
delay(uint t)
  {
    uint i,j;
    for(j=t;j>0;j--)
    for(i=110;i>0;i--);
  }
main( )
  {
    While(1)
      {
        P1=0XFE;
        delay(1000);
        P1=0XFd;
        delay(1000);
        P1=0XFb;
        delay(1000);
        P1=0XF7;
        delay(1000);
        P1=0Xef;
        delay(1000);
        P1=0Xdf;
        delay(1000);
        P1=0Xbf;
        delay(1000);
        P1=0X7f;
```

```
      delay(1000);
    }
}
```

（3）建立工程 1-3-2，把以下程序代码放到 Keil 编译软件工具中，生成 HEX 文件，加载到仿真电路图中，观察显示效果。对比工程 1-3-1 的显示效果，进行比较分析。

```
#include"reg51.h"
#define uint unsigned int
delay(uint t)
  {
    uint i,j;
    for(j=t;j>0;j--)
    for(i=110;i>0;i--);
  }
main( )
  {
    uint i,abs[8]={0XFE,0XFd,0XFb,0XF7,0Xef,0Xdf,0Xbf,0X7f};
    while(1)
      {
        for(i=0;i<8;i++)
          {
            P1=abs[i];
            delay(1000);
          }
      }
  }
```

（4）建立工程 1-3-3，把以下程序代码放到 Keil 编译软件工具中，生成 HEX 文件，加载到仿真电路图中，观察显示效果。对比工程 1-3-1 及 1-3-2 的显示效果，进行比较分析。

```
#include"reg51.h"
#include"intrins.h"
#define uchar unsigned char
#define uint unsigned int
delay(uint t)
  {
    uint i,j;
    for(j=t;j>0;j--)
    for(i=110;i>0;i--);
  }
```

```
main( )
  {
    uint n=0xfe;
    while(1)
      {
        P1=n;
        delay(1000);
        n=_crol_(n,1);
      }
  }
```

任务评价

	评价指标	分值	学生互评（40%）	老师评估（60%）	任务总评
任务内容	C语言基本知识	20			
	电路图认知	20			
	单片机芯片选择	20			
	单片机型号和引脚功能	20			
现场管理	出勤情况	5			
	实验室纪律	5			
	团队协作精神	5			
	保持实验室卫生	5			

任务练习

（1）要求把8个LED负极接到P2口，连接电路实现流水灯效果。
（2）仿真成功后，将代码下载到实验箱继续调试。

知识拓展

一、赋值运算符

赋值语句的作用是把某个常量、变量或表达式的值赋给另一个变量。赋值语句左边必须是变量或寄存器，且必须先定义。常量不能出现在赋值语句的左边。

简单赋值运算符为=，复合赋值运算符有+=、-=、*=、%=、/=。

例如：

i += 2 等价于 i = i + 2;

a *= b + 5 等价于 a = a * (b + 5);

x% = 3 等价于 x = x%3。

注意赋值运算符"="并不是等于的意思，只表示赋值。等于用"=="表示。

二、算术运算符

常用的算术运算符如下：
+：加法运算符；
-：减法运算符；
*：乘法运算符；
/：除法运算符；
%：求余运算符，或称模运算符，如 4％2＝0；
++：变量自加 1；
--：变量自减 1。

注意：两个整数相除的结果为整数，如 8/5 的结果为 1，舍去小数部分。如果参加运算的两个数中有一个数为实数，则结果是实型。求余运算要求%两侧都是整型数据。

自增运算符（++）和自减运算符（--）的使用方法如下：

（1）前置运算——"++变量"、"--变量"。

运算规则：先增减，后运算。

（2）后置运算——"变量++"、"变量--"。

运算规则：先运算，后增减。

练习：请说明以下程序运行完后 x, y, z, m, n 的值分别是多少？

```
main()
    { int x=6, y, z, m, n;
        y=++x;
        z=x--;
        m=y/z;
        n=y%z;
    }
```

三、关系运算符

关系运算符有：<、<=、>、>=、==、!=。

关系表达式：用关系运算符将两个表达式（可以是算术表达式、关系表达式、赋值表达式或逻辑表达式）连接起来的式子。

关系表达式的值为逻辑值"真"或"假"，以 1 代表"真"，以 0 代表"假"。

练习：

（1）关系表达式"8==4"的值为_____，表达式的值为_____。

（2）关系表达式"5>0"的值为_____，表达式的值为_____。

四、逻辑运算符

逻辑运算符有：!（逻辑非）、&&（逻辑与）、||（逻辑或）。

逻辑表达式：用逻辑运算符将一个或多个表达式连接起来，进行逻辑运算的式子。逻辑量的真判断结果——非0，逻辑量的假判断结果——0。

注意逻辑运算符与位操作运算符的区别。

练习：若 a=1, b=2, c=3, x=4, y=3，写出以下各个表达式的值。

（1）a+b>c&&b==c

（2）!a<b&&b!=c||x+y<=3

（3）!(x=a)&&(y=b)&&0

五、位运算符

1. 与操作

按位与操作符：&

格式：x&y

规则：对应位均为1时才为1，否则为0。例如："i=i&0x0f;"等同于"i&=0x0f;"。

主要用途：取（或保留）1个数的某（些）位，其余各位置0。

2. 或操作

按位或操作符：|

格式：x|y

规则：对应位均为0时才为0，否则为1。例如："i=i|0x0f;"等同于"i|=0x0f;"。

主要用途：将1个数的某（些）位置1，其余各位不变。

3. 异或操作

按位异或操作符：^

格式：x^y

规则：对应位相同时为0，不同时为1。例如："i=i^0x0f;"等同于"i^=0x0f;"。

主要用途：使1个数的某（些）位翻转（即原来为1的位变为0，为0的位变为1），其余各位不变。

4. 按位取反操作

按位取反操作符：~

格式：~x

规则：各位翻转，即原来为1的位变成0，原来为0的位变成1。例如："i=~i;"。
主要用途：间接地构造一个数，以增强程序的可移植性。

5. 移位运算操作

左移运算符"<<"的功能是把"<<"左边的操作数的各二进制位全部左移若干位，移动的位数由"<<"右边的常数指定，高位丢弃，低位补0。例如："a<<4"是指把a的各二进制位向左移动4位。如a=00000011B（十进制数3），左移4位后为00110000B（十进制数48）。

右移运算符">>"的功能是把">>"左边的操作数的各二进制位全部右移若干位，移动的位数由">>"右边的常数指定。进行右移运算时，如果是无符号数，则总是在其左端补"0"。

练习：
（1）若 x = 10，则!x 的值为真还是假？
（2）若 a = 3，b = 2，则 if（a&b）的值为真还是假？
（3）5 && 0 || 8 的值为多少？
（4）5 > 3 && 4 || 8 < 4 的结果为多少？

任务思考

一、填空题

（1）使用单片机开发系统调试 C 语言程序时，首先应建文件，该文件的扩展名是_____。
（2）单片机能够直接运行的程序是_____。
（3）当 MCS-51 系列单片机应用系统需要扩展外部存储器或者其他接口芯片时，_____可用作低 8 位地址总线。
（4）当 MCS-51 系列单片机应用系统需要扩展外部存储器或者其他接口芯片时，_____可用作高 8 位地址总线。
（5）最基本的 C 语言语句是_____。
（6）在 C51 程序中，为了消耗 CPU 时间产生延时效果，通常把_____作为循环体。
（7）在 C51 语言中，当 do-while 语句的条件为满足_____时，结束循环。

二、思考题

（1）开发单片机应用系统的一般过程是什么？
（2）在 C 程序中，程序总是从哪儿开始执行的？
（3）C51 中定义一个可位寻址的变量 FLAG 访问 P3 口的 P3.1 引脚的方法是什么？
（4）结构化程序设计的三种基本结构是什么？
（5）while 语句和 do-while 语句的区别是什么？

三、技能提高

任务1：独立设计一段代码，要求实现4个灯的间隔亮灭，间隔时间控制在1s左右。
评价要点：流程图绘制、硬件电路原理图修改、软件程序修改、软硬件联调、实物连接。
任务2：在任务三中仿真电路图的基础上，再增加8个LED连接在P3口，修改电路连接和程序代码，实现16个LED的流水灯效果。
评价要点：硬件电路原理图修改、软件程序修改、软硬件联调、实物连接。

项目二 接口与显示技术实训

本项目通过五个任务让学生掌握单片机与数码管的接口技术，使其能完成单片机的数码管静态及动态显示电路和程序设计；能完成点阵显示电路设计，能够用C语言实现对点阵屏的控制，最终实现点阵屏汉字、日期和温度显示等功能；能独立完成单片机键盘电路的设计，能使用C语言实现对键盘的扫描和按键识别控制程序的设计、运行及调试；能利用AT89C52单片机及1602液晶屏，完成按键设置液晶电子钟的设计、运行及调试。该项目对后续项目的学习有很大的帮助和指导作用。

【知识目标】

（1）掌握LED数码管的结构、工作原理和显示方式；
（2）掌握数码管静态、动态显示的原理；
（3）掌握LED点阵显示系统的结构与原理；
（4）掌握键盘的防抖动措施；
（5）掌握键盘的接口方法和编程方法；
（6）了解1602液晶屏的结构；
（7）掌握1602液晶屏的工作原理；
（8）掌握1602液晶屏与单片机的接口方法。

【技能目标】

（1）掌握数码管静态、动态显示的电路设计及程序设计；
（2）掌握8×8 LED点阵汉字显示电路、程序设计；
（3）掌握8×8 LED点阵屏整体测试方法；
（4）掌握矩阵式键盘设计与实现；
（5）会利用I/O口进行键盘、液晶显示电路设计；
（6）掌握液晶屏显示程序的设计方法。

【情感目标】

（1）培养学生谦虚、好学的态度，能利用各种媒体获取新知识、新技术；
（2）培养学生勤于思考、做事认真的良好作风，能立足专业规划自己未来的职业生涯；
（3）培养学生良好的职业道德；
（4）培养学生勇于创新、敬业乐业的工作作风。

任务一　数码管显示0～9

任务目标

通过控制一个数码管静态显示0～9，掌握单片机常用外部电路（数码管）的设计方法，综合、灵活运用C语言进行编程，为后期学习打好基础。

任务要求

（1）完成仿真电路的搭建；
（2）建立工程2-1-1，编写代码实现数码管0～9显示控制；
（3）建立工程2-1-2，编写代码实现数码管0～99显示控制。

仿真电路图

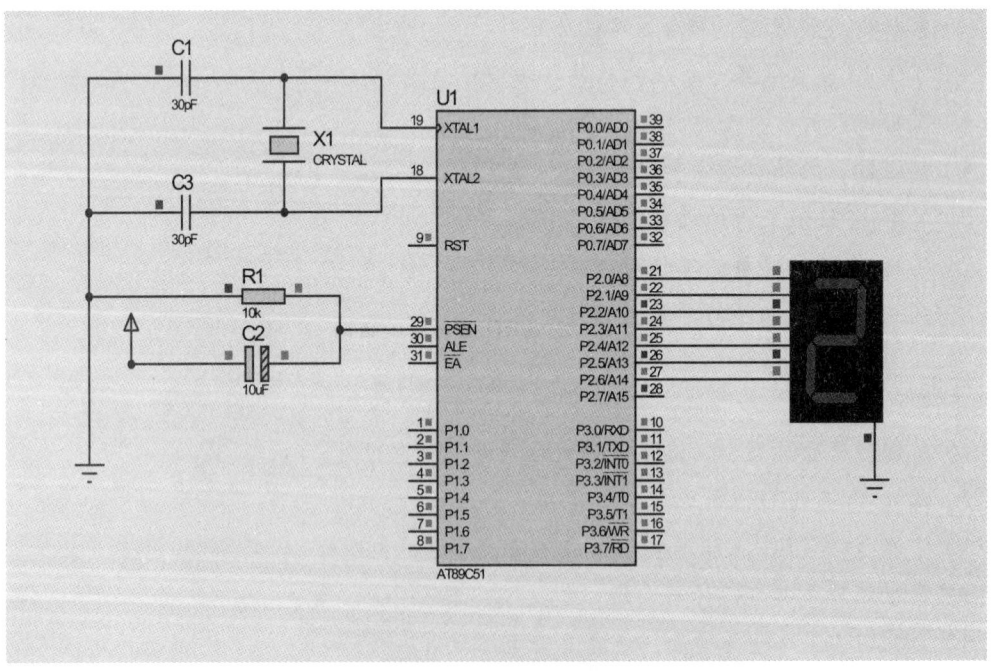

图2.1.1　仿真电路图

任务资讯

一、LED 数码管的分类及特性

LED 数码管有多种分类方法：
- 按内部结构可分为共阴极型和共阳极型；
- 按外形尺寸可分为多种形式，使用较多的是 0.5 英寸和 0.8 英寸（1 英寸≈2.54 厘米）两种类型；
- 按显示颜色也可分为多种形式，主要有红色和绿色两种类型；
- 按亮度强弱可分为超亮、高亮和普亮三种类型。

LED 数码管的特性：正向压降一般为 1.5~2 V，额定电流为 10 mA，最大电流为 40 mA。静态显示时取 10 mA 为宜，动态扫描显示，可加大脉冲电流，但一般不超过 40 mA。

二、LED 数码管的结构

共阳极数码管每个段笔画是用低电平（"0"）点亮的，要求驱动功率很小；而共阴极数码管的段笔画是用高电平（"1"）点亮的，要求驱动功率较大，如图 2.1.2 所示。

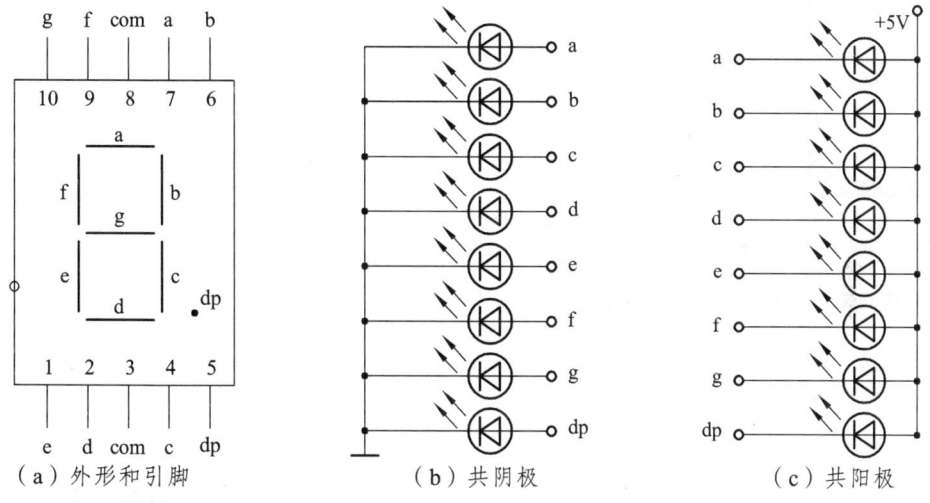

图 2.1.2　LED 数码管的结构

共阳极数码管的特点是：仅当段位接低电平，阳极接高电平时，相应位的 LED 才导通发光，如图 2.1.3 所示。

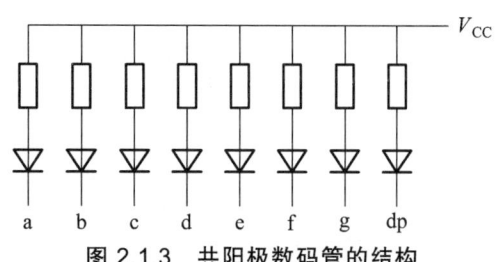

图 2.1.3　共阳极数码管的结构

以下以共阳极数码管为例说明七段数码管的段位控制。显示数字 0~9 时数码管的状态如图 2.1.4 所示。

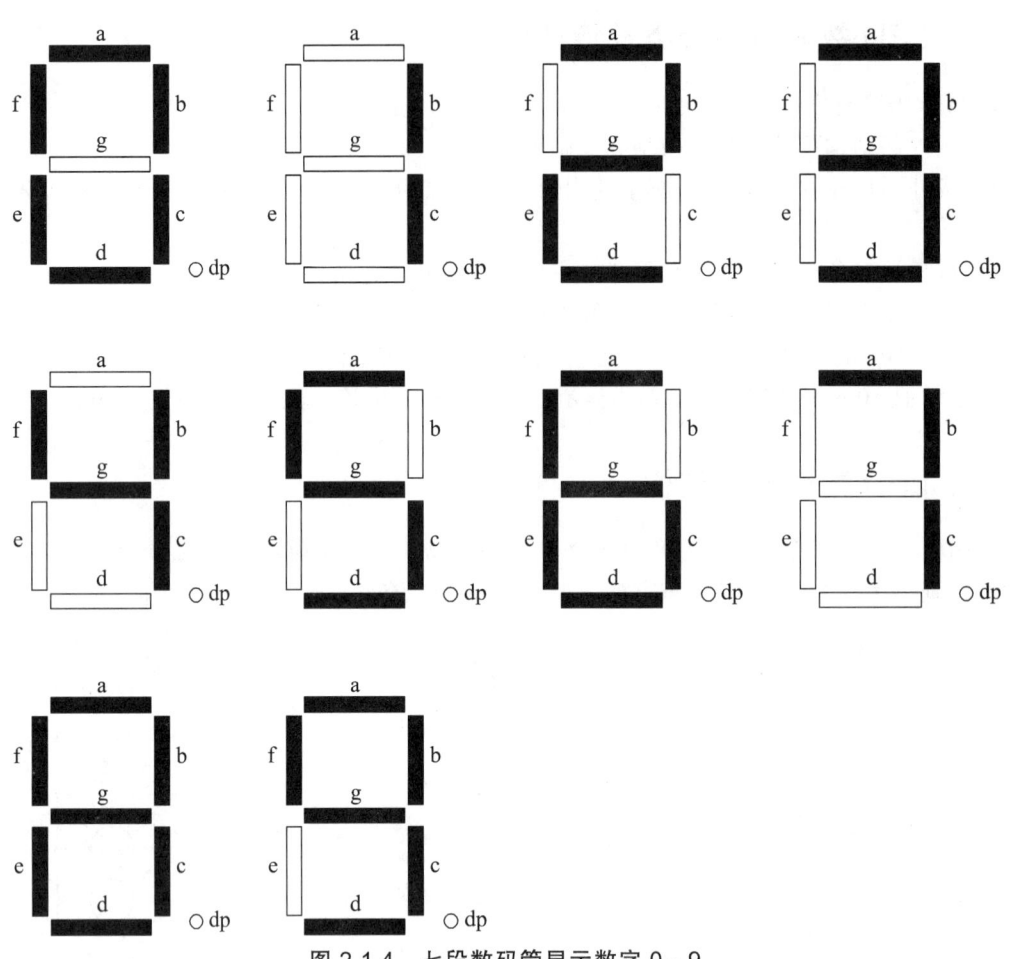

图 2.1.4　七段数码管显示数字 0~9

显示 0 的编码：

dp	g	f	e	d	c	b	a
0	0	1	1	1	1	1	1

显示 1 的编码：

dp	g	f	e	d	c	b	a
0	0	0	0	0	1	1	0

显示 2 的编码：

dp	g	f	e	d	c	b	a
0	1	0	1	1	0	1	1

显示 3 的编码：

dp	g	f	e	d	c	b	a
0	0	1	1	1	1	1	1

显示 4 的编码：

　　　　　　　　dp　g　f　e　d　c　b　a
　　　　　　　　0　　1　1　0　0　1　1　0

显示 5 的编码：

　　　　　　　　dp　g　f　e　d　c　b　a
　　　　　　　　0　　1　1　0　1　1　0　1

显示 6 的编码：

　　　　　　　　dp　g　f　e　d　c　b　a
　　　　　　　　0　　1　1　1　1　1　0　1

显示 7 的编码：

　　　　　　　　dp　g　f　e　d　c　b　a
　　　　　　　　0　　0　0　0　0　1　1　1

显示 8 的编码：

　　　　　　　　dp　g　f　e　d　c　b　a
　　　　　　　　0　　1　1　1　1　1　1　1

显示 9 的编码：

　　　　　　　　dp　g　f　e　d　c　b　a
　　　　　　　　0　　1　1　0　0　1　1　1

三、LED 数码管编码方式（表 2.1.1）

表 2.1.1　共阴极和共阳极 LED 数码管八段编码表

显示数字	共阴顺序小数点暗		共阴逆序小数点暗		共阳顺序小数点亮	共阳顺序小数点暗
	dp g f e d c b a	16 进制	a b c d e f g dp	16 进制		
0	0 0 1 1 1 1 1 1	3FH	1 1 1 1 1 1 0 0	FCH	40H	C0H
1	0 0 0 0 0 1 1 0	06H	0 1 1 0 0 0 0 0	60H	79H	F9H
2	0 1 0 1 1 0 1 1	5BH	1 1 0 1 1 0 1 0	DAH	24H	A4H
3	0 1 0 0 1 1 1 1	4FH	1 1 1 1 0 0 1 0	F2H	30H	B0H
4	0 1 1 0 0 1 1 0	66H	0 1 1 0 0 1 1 0	66H	19H	99H
5	0 1 1 0 1 1 0 1	6DH	1 0 1 1 0 1 1 0	B6H	12H	92H
6	0 1 1 1 1 1 0 1	7DH	1 0 1 1 1 1 1 0	BEH	02H	82H
7	0 0 0 0 0 1 1 1	07H	1 1 1 0 0 0 0 0	E0H	78H	F8H
8	0 1 1 1 1 1 1 1	7FH	1 1 1 1 1 1 1 0	FEH	00H	80H
9	0 1 1 0 1 1 1 1	6FH	1 1 1 1 0 1 1 0	F6H	10H	90H

任务实施

（1）搭建仿真电路图。本任务使用 P2 口连接 1 个共阴极数码管。

（2）通过建立工程 2-1-1，把以下程序代码放到 Keil 编译软件工具中，生成 HEX 文件，加载到仿真电路图中，观察显示效果。

```c
#include"reg51.h"
#define uchar unsigned char
#define uint unsigned int
uchar code tab[10]=
   {0x3f,0x06,0x5b,0x4f,0x66,0x6d,0x7d,0x07,0x7f,0x6f};
delay(uint t)
  {
    uint i,j;
    for(j=t;j>0;j--)
    for(i=110;i>0;i--);
  }
main()
  {
    uint n;
    while(1)
      {
        for(n=0;n<10;n++)
          {
            P2=tab[n];
            delay(1000);
          }
      }
  }
```

（3）在已有的仿真电路图的基础上，再增加一个数码管连接在 P3 口上，实现 0~99 的计数效果。通过建立工程 2-1-2，把以下程序代码放到 Keil 编译软件工具中，生成 HEX 文件，加载到仿真电路图中，观察显示效果。

```c
#include"reg51.h"
#define uchar unsigned char
#define uint unsigned int
uchar code tab[10]=
   {0x3f,0x06,0x5b,0x4f,0x66,0x6d,0x7d,0x07,0x7f,0x6f};
delay(uint t)
  {
```

```
        uint i,j;
        for(j=t;j>0;j--)
          for(i=110;i>0;i--);
      }
    main()
      {
        uint n,a,b;
        while(1)
          {
            for(n=0;n<99;n++)
              {
                a=n%10;
                b=n/10;
                P2=tab[b];
                P1=tab[a];
                delay(1000);
              }
          }
      }
```

任务评价

	评价指标	分值	学生互评（40%）	老师评估（60%）	任务总评
任务内容	数码管基本知识	20			
	电路图设计	20			
	程序代码编写	20			
	综合调试	20			
现场管理	出勤情况	5			
	课程纪律	5			
	团队协作精神	5			
	保持实验室卫生	5			

任务练习

（1）要求再增加一个数码管连接到P0口，实现0～999的计数效果；

（2）仿真成功后，将代码下载到实验箱继续调试。

任务思考

一、填空题

（1）共阳极 LED 数码管加反相器驱动显示字符"6"的段码是_____。
（2）对于共阳极数码管，若要显示字符"5"及小数点，则其相应的段码是_____。
（3）共阴极 LED 数码管显示字符"A"的段码是_____。
（4）共阳极 LED 数码管公共端接的是_____。
（5）共阴极 LED 数码管公共端接的是_____。

二、思考题

（1）在实际应用中，数码管显示不是很明显，其原因是什么？可采取什么措施使显示效果更好？
（2）在静态显示下，单片机最多可以接多少数码管？有没有别的方式可以增加数码管？

三、技能提高

任务1：修改设计方案和程序代码，使数码管显示从 99 开始，大约 1 秒减 1，减到 0。
评价要点：流程图绘制、硬件电路原理图修改、软件程序修改、软硬件联调、实物连接。
任务2：修改电路连接和程序代码，实现 0~9 999 的计数。
评价要点：硬件电路原理图修改、软件程序修改、软硬件联调、实物连接。

任务二　数码管动态显示 0~999 999

任务目标

通过控制一个数码管动态显示 0~999 999，掌握单片机常用外部电路（数码管）的设计方法，综合、灵活运用 C 语言进行编程，为后期学习打好基础。

任务要求

（1）根据下面给出的仿真电路图，在 Proteus 中完成仿真电路的搭建；
（2）建立工程 2-2-1，根据任务资讯，在 Keil 上编写代码实现数码管 0~9 999 动态显示控制；

（3）建立工程 2-2-2，在工程 2-2-1 的代码基础上，在 Keil 上编写代码实现数码管 0 ~ 999 999 动态显示控制。

仿真电路图

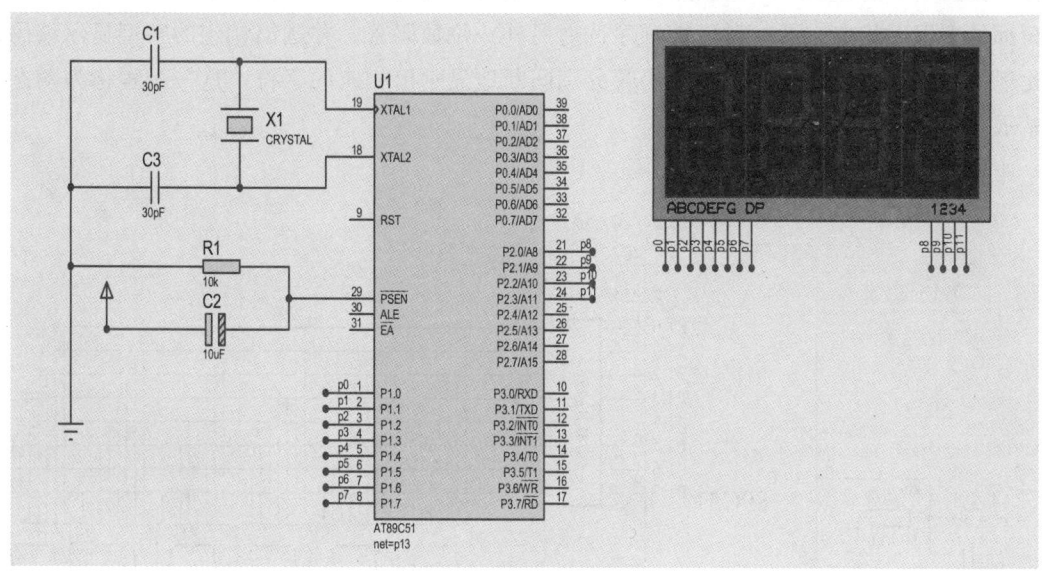

图 2.2.1　仿真电路图

任务资讯

一、动态显示方式

1. 动态显示电路连接形式

（1）显示各位的所有相同字段线连在一起，共 8 段，由一个 8 位 I/O 口控制；
（2）每一位的公共端（共阳或共阴 COM）由另一个 I/O 口控制。

2. 工作原理

从 P0 口送段码，从 P1 口送位选信号。段码虽同时到达 6 个 LED，但一次仅一个 LED 被选中。利用"视觉暂留"原理，每送一个字符并选中相应位线，延时一会儿，再送/选下一个，依此循环扫描即可。

要求：此处为共阴极数码管，P0 口送段代码，P1 口送位选信号。通过查表实现动态显示。

条件：待显示数据（00H ~ 09H）已放在 7FH ~ 7AH 单元中（分别对应十万位 ~ 个位）。

说明：由于用了反相驱动器 7406，要用共阳译码表。

二、典型电路

动态显示是一种按位轮流点亮各位数码管的显示方式，即在某一时段，只让其中一位数码管"位选端"有效，并送出相应的字型显示编码。此时，其他位的数码管因"位选端"无效而都处于熄灭状态。下一时段按顺序选通另外一位数码管，并送出相应的字型显示编码，依此规律循环下去，即可使各位数码管分别间断地显示出相应的字符。这一过程称为动态扫描显示。

典型电路如图 2.2.2 所示。

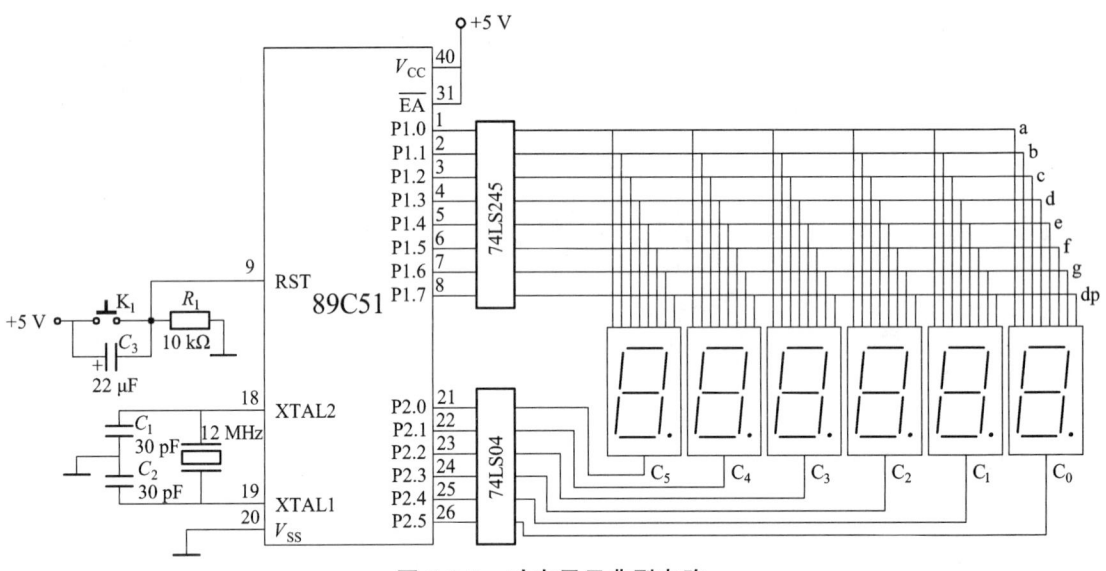

图 2.2.2　动态显示典型电路

任务实施

（1）搭建仿真电路图。本任务使用 P1 口的 8 个引脚作为动态数码管的段选端，P2 口的前 4 位作为动态数码管的位选端。

（2）把以下程序代码放到 Keil 编译软件工具中，生成 HEX 文件，加载到仿真电路图中，观察显示效果。

```
#include"reg51.h"//库文件声明
#define uint unsigned int//宏定义无符号整型常量
#define uchar unsigned char//宏定义无符号字符型常量
uchar code tab[10]={0x3f,0x06,0x5b,0x4f,
            0x66,0x6d,0x7d,0x07,0x7f,0x6f};//数码管显示 0～9 编码
delay(uint t)//延时函数
  {
    uint i,j;
```

```c
        for(j=t;j>0;j--)
            for(i=110;i>0;i--);//执行空语句
    }
main()//主函数
    {
        uint n,m,a,b,c,d;
        while(1)
            {
                for(n=0;n<9999;n++)//确定显示范围 0~9 999
                    for(m=0;m<11;m++)//多次扫描显示状态
                        {
                            a=n%10;//分离四位数的个位
                            b=n%100/10;//分离四位数的十位
                            c=n%1000/100;//分离四位数的百位
                            d=n/1000;//分离四位数的千位
                            P2=0x01;//选通位选端的第 4 个数码管
                            P1=~tab[d];//P1 口送入千位段选码
                            delay(20);
                            P2=0X00;//去阴影
                            P2=0x02;//选通位选端的第 3 个数码管
                            P1=~tab[c];//P1 口送入百位段选码
                            delay(20);//视觉延时
                            P2=0X00;//去阴影
                            P2=0x04;//选通位选端的第 2 个数码管
                            P1=~tab[b];//P1 口送入十位段选码
                            delay(20);//视觉延时
                            P2=0X00;//去阴影
                            P2=0x08;//选通位选端的第 1 个数码管
                            P1=~tab[a];//P1 口送入个位段选码
                            delay(20);//视觉延时
                            P2=0X00;   //去阴影
                        }
            }
    }
```

任务评价

评价指标		分值	学生互评（40%）	老师评估（60%）	任务总评
任务内容	数码管编码知识	20			
	电路图认知	20			
	任务程序设计	20			
	任务完成效果	20			
现场管理	出勤情况	5			
	实验纪律	5			
	团队协作精神	5			
	保持实验室卫生	5			

任务练习

（1）把四位数码管换成六位数码管，段选端接 P1 口不变，位选端接 P2 口不变，连接电路，修改程序代码完成任务，实现 0~999 999 的显示控制。

（2）仿真成功后，将代码下载到实验箱继续调试。

（3）仿真电路图不变，修改代码，实现 999 999~0 的显示控制。

知识拓展

LED 常见故障检修

1. LED 不亮

产生此故障的原因可能有：

（1）变压器损坏、引线断开或虚焊。若变压器损坏，则予以更换或重新绕制；若引线断开或虚焊，则应重新连接或重新焊接。

（2）+5 V 电源故障。应检查显示电路电源电压及数码管供电是否正常（正常时为 5 V 直流电压）。若两者不正常则检查 7805 三端稳压器是否有 5 V 电压输出。若三端稳压器有 5 V 电压输出，则为电路板的连接线损坏，或为开路或为短路：若开路则应重新连接，若短路应清理短路点。若三端稳压器没有 5 V 电压输出，则检查 7805 输入端有无 8 V 左右的电压：若有则说明 7805 损坏，若无则检查桥式整流电路有无 8 V 左右电压输出。若整流电路没有 8 V 电压输出，则检查 220 V 交流电源是否正常：若交流电源不正常，则应对交流电源进行检查；若交流电源 220 V 电压正常，则在连接线正常的情况下应为变压器损坏，予以更换。

（3）LED 数码管公共阳极（或公共阴极）上无+5 V 电压。这种故障常常是由限流电阻发生虚焊或印制导线不通引起的。按照前面所述检查电源电压的方法进行检查：若限流电阻开路，则应予以更换；若为电路板虚焊或印制导线不通，则必须重新连接或焊接。

（4）数码管内部损坏，则应予以更换。

2. 仅小数点亮

这一现象表明 ±5 V 电源正常，产生这种故障的原因可能有：
（1）A/D 转换器工作不正常，应更换 A/D 转换器。
（2）数码管内部有故障，应更换数码管。
（3）A/D 转换器与数码管之间的连线开路，应重新连接或重新焊接。
（4）A/D 转换器集成元器件损坏，应更换集成元器件。
（5）A/D 转换器管脚接触不良，应重新焊接。

3. 缺笔段

对于型号为 7107 的 A/D 转换器，可检查 7107 用于显示输出的各对应输出脚与 V+（正电源脚）间的电压（即用万用表的黑表笔接所对应的输出脚，红表笔接电源供电正端电压点）：若始终为几毫伏，则表明 7107 损坏，应予以更换；如有 4 V 左右电压（数码管管脚端为负），LED 却不亮，则表示 7107 输出正常。接着可检查数码管的各自对应管脚与 V+ 之间的电压（万用表的黑表笔接所对应数码管的管脚，红表笔接电源供电正端电压点）：若也为 4 V 左右，则表明 LED 数码管损坏，应更换该数码管；若无电压，则可能是 7107 管脚接触不良，或从 7107 到数码管管脚之间的连接线路不通，应重新连接和重新焊接。若两处电压不同，则检查电路板从 7107 到数码管之间有没有腐蚀或油污：若有，则必须清洗干净并做好绝缘处理工作；若没有，则数码管内部短路，必须予以更换。

4. 亮度不足

产生这种故障的原因可能是：
（1）LED 数码管使用时间太长，发光效率降低，可更换新的数码管。
（2）上拉电阻 R_9 阻值太大，可更换或重新调整。
（3）电路板漏电，应将电路板上的电容放电或清洗电路板，并经干燥处理后，再接线使用。
（4）若供电不足，检查供电电路的连接电阻是否变值，若变值则应予以更换；若稳压器负载功率下降，则应予以更换；若滤波电容漏电，则应予以更换；若整流二极管损坏，则应予以更换；若变压器负载功率下降，则应予以更换；若常规检查后仍然供电不足，则检查所有负载电路中有无对地短路元件，若检查出短路元件，则应予以更换。

(5) A/D 电路的输出电压不足,先检查外围电路有无对地短路元件,若有对地短路元件,则应予以更换;若检查正常,则为 A/D 转换集成电路损坏,应予以更换。

任务思考

一、思考题

(1) LED 数码管的静态与动态显示方式的主要区别在哪里?
(2) 一般在什么情况下,在设计电路或者程序时采用数码管动态显示方式?

二、技能提高

任务 1:修改任务二的仿真电路图和设计方案,用 P0 口控制段选端,用 P3 口控制位选端,修改工程 2-2-1,实现 0~9 999 的计数。

评价要点:流程图绘制、硬件电路原理图修改、软件程序修改、软硬件联调、实物连接。

任务 2:在任务二的仿真电路图的基础上增加 4 个按键,分别控制 4 个数码管。修改电路连接和程序代码,实现第 1 个按键按下时第 1 个数码管显示数字 1,第 2 个按键按下时第 2 个数码管显示数字 2,第 3 个按键按下时第 3 个数码管显示数字 3,第 4 个按键按下时第 4 个数码管显示数字 4。

评价要点:硬件电路原理图修改、软件程序修改、软硬件联调、实物连接。

任务 3:在任务二的仿真电路图的基础上,修改电路连接和程序代码,实现第 1 个按键按下时第 1 个数码管循环显示 0~9,第 2 个按键按下时前 2 位数码管循环显示 0~99,第 3 个按键按下时前 3 位数码管循环显示 0~999,第 4 个按键按下时前 4 位数码管循环显示 0~9 999。

评价要点:硬件电路原理图修改、软件程序修改、软硬件联调、实物连接。

任务三 点阵显示电子广告牌

任务目标

通过利用单片机制作一个 8×8 点阵的电子广告牌,显示出字符"大"的设计与仿真演示,掌握单片机常用外部电路(点阵显示)的设计方法,综合、灵活运用 C 语言进行编程,为后期学习打好基础。

任务要求

（1）采用图 2.3.1 所示的仿真电路，根据任务资讯，建立工程 2-3-1，编写代码实现 8×8 点阵显示出字符"大"的效果；

（2）采用图 2.3.1 所示的仿真电路，根据任务资讯，建立工程 2-3-2，编写代码实现 8×8 点阵轮流显示出字符"0~9"且具有翻页的效果；

（3）采用图 2.3.1 所示的仿真电路，根据任务资讯，建立工程 2-3-3，编写代码实现 8×8 点阵显示出字符"LOVE"且具有上移的效果；

（4）采用图 2.3.1 所示的仿真电路，根据任务资讯，建立工程 2-3-4，编写代码实现 8×8 点阵显示出字符"LOVE"且具有左移的效果。

仿真电路图

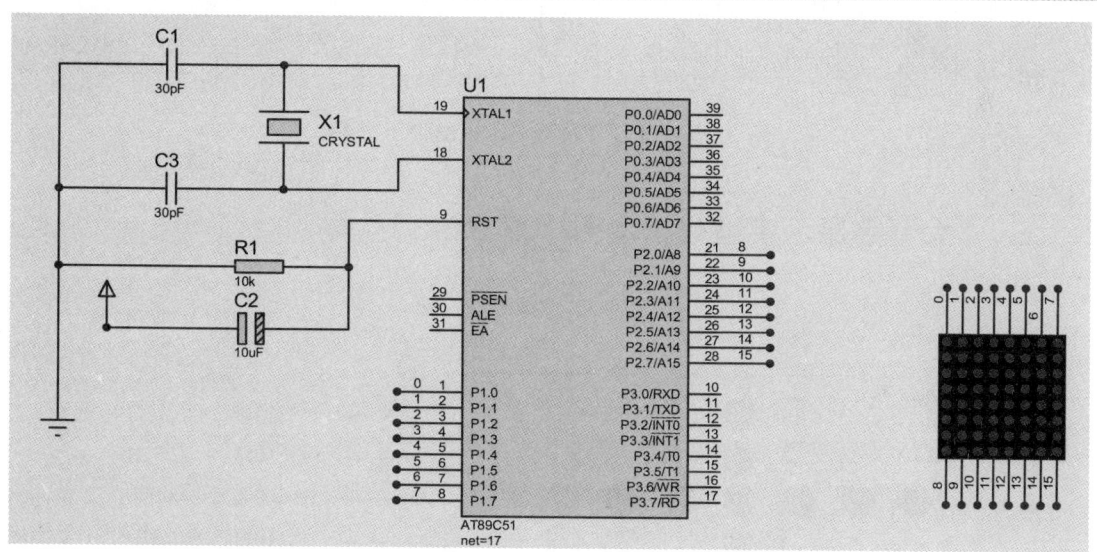

图 2.3.1　仿真电路图

任务资讯

一、LED 大屏幕显示器原理

LED 点阵显示器是将很多 LED 按矩阵方式排列在一起，通过对每个 LED 进行发光控制，完成各种字符或图形的显示。最常见的 LED 点阵显示模块有 5×7（5 列 7 行）、7×9（7 列 9 行）、8×8（8 列 8 行）结构。LED 点阵由一个一个的点（LED）组成，总点数为行数与列数之积，引脚数为行数与列数之和。

二、LED 大屏幕显示器结构（图 2.3.2）

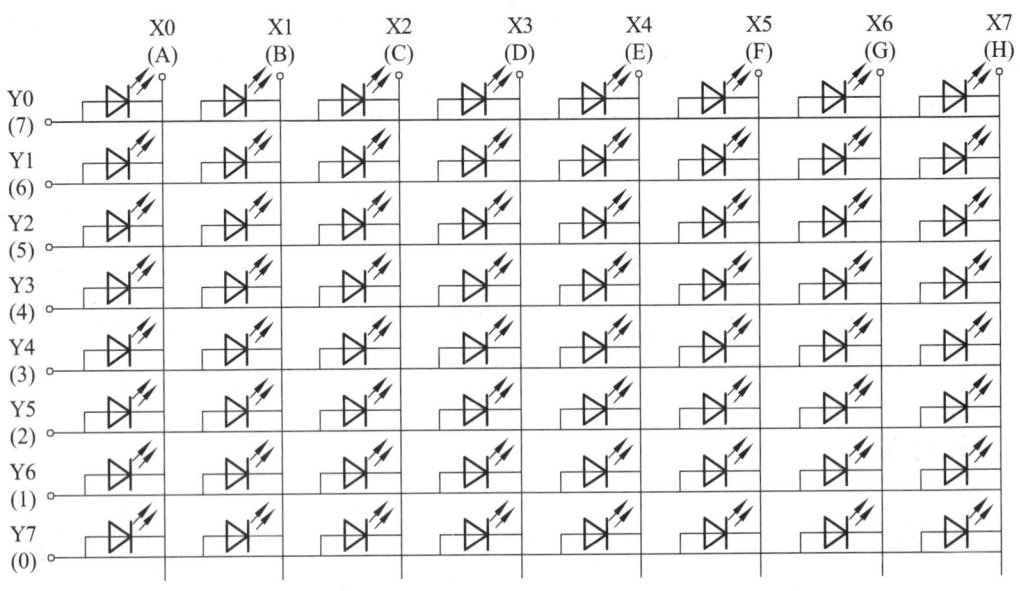

图 2.3.2　LED 大屏幕显示器结构示意图

三、"大"字显示字型码示意图（图 2.3.3）

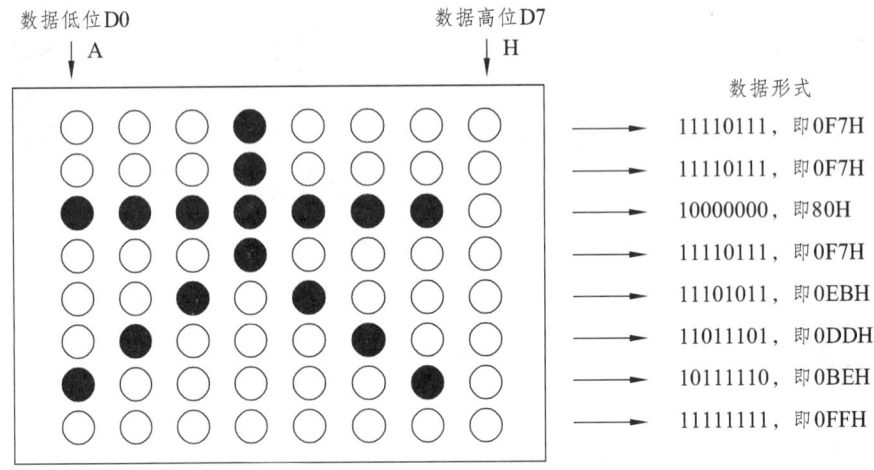

图 2.3.3　"大"字显示字型码示意图

显示字符"大"的过程如下：先给第 1 行送高电平（行高电平有效），同时给 8 列送 11110111（列低电平有效）；然后给第 2 行送高电平，同时给 8 列送 11110111，……最后给第 8 行送高电平，同时给 8 列送 11111111。每行点亮延时时间为 1 ms，第 8 行结束后再从第 1 行开始循环显示。利用视觉暂留现象，人们看到的就是一个稳定的图形。

四、LED 大屏幕显示器接口电路（图 2.3.4）

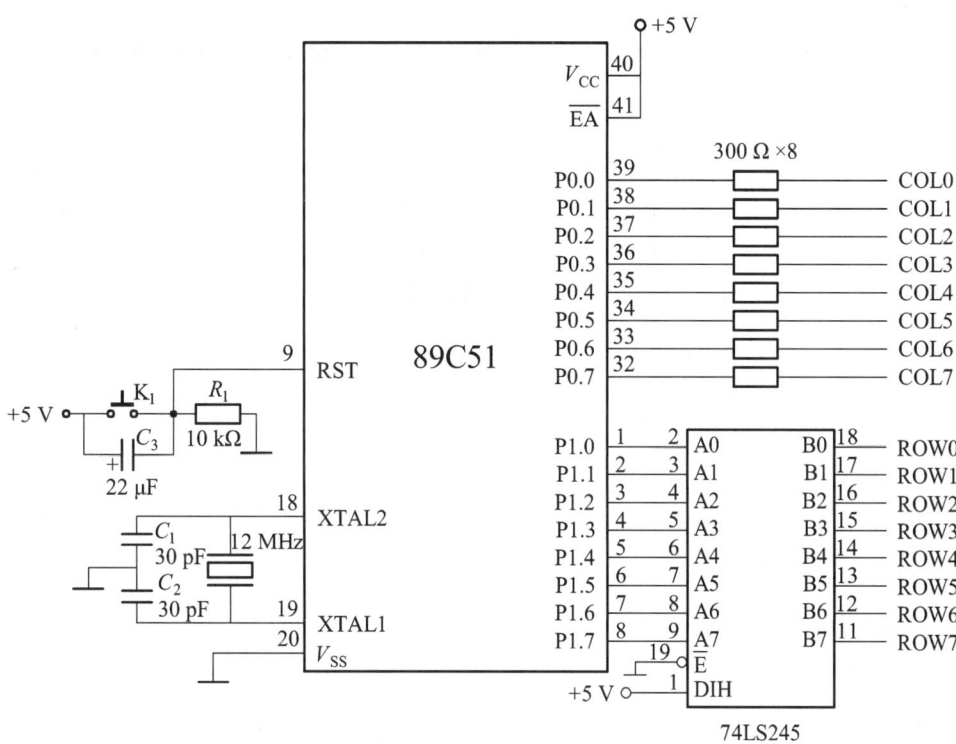

图 2.3.4　LED 大屏幕显示器接口电路

任务实施

（1）搭建仿真电路图。本任务使用 P1 口控制 8×8 点阵的行选，使用 P2 口控制 8×8 点阵的列选。

（2）建立工程 2-3-1，把以下程序代码放到 Keil 编译软件工具中，生成 HEX 文件，加载到仿真电路图中，观察显示效果。

```
#include "reg51.h"
#define uint unsigned int
void delay1ms();        //延时约 1ms 函数声明
void main()
  {
    unsigned char code led[]=
        {0xf7,0xf7,0x80,0xf7,0xeb,0xdd,0xbe,0xff};
    unsigned char w[8]=
        {0x01,0x02,0x04,0x08,0x10,0x20,0x40,0x80};
```

```c
        uint  i,m;
        while(1)
         { for(m=0;m<400;m++)   //每个字符扫描显示400次,控制每个字符显示时间
            {
              for(i=0;i<8;i++)
                {
                   P2=w[i];          //行数据送P1口
                   P1=~led[i];       //列数据送P0口
                   delay1ms();
                }
            }
         }
    }
//函数名:delay1ms
void delay1ms()
  {
    uint i;
    for(i=0;i<200;i++);
  }
```

(3)建立工程2-3-2,把以下程序代码放到Keil编译软件工具中,生成HEX文件,加载到仿真电路图中,观察显示效果。对比工程2-3-1的显示效果,进行比较分析。

```c
#include "reg51.h"
void delay1ms();             //延时约1ms函数声明
void main()
  {
    unsigned char code led[]=
      { 0xf7,0xf7,0x80,0xf7,0xeb,0xdd,0xbe,0xff,          //0
        0x00,0x18,0x1c,0x18,0x18,0x18,0x18,0x18,          //1
        0x00,0x1e,0x30,0x30,0x1c,0x06,0x06,0x3e,          //2
        0x00,0x1e,0x30,0x30,0x1c,0x30,0x30,0x1e,          //3
        0x00,0x30,0x38,0x34,0x32,0x3e,0x30,0x30,          //4
        0x00,0x1e,0x02,0x1e,0x30,0x30,0x30,0x1e,          //5
        0x00,0x1c,0x06,0x1e,0x36,0x36,0x36,0x1c,          //6
```

```
          0x00,0x3f,0x30,0x18,0x18,0x0c,0x0c,0x0c,           //7
          0x00,0x1c,0x36,0x36,0x1c,0x36,0x36,0x1c,           //8
          0x00,0x1c,0x36,0x36,0x36,0x3c,0x30,0x1c};          //9
     unsigned char w[8]=
             {0x01,0x02,0x04,0x08,0x10,0x20,0x40,0x80};
     unsigned int i,j,k,m;
     while(1)
        {  for(k=0;k<10;k++)       //字符个数控制变量
           {
              for(m=0;m<200;m++)   //每个字符扫描显示400次,控制每个字符显示时间
                {
                   j=k*8;//指向数组led的第k个字符第一个显示码下标
                   for(i=0;i<8;i++)
                    {
                       P2=~w[i];        //行数据送P1口
                       P1=led[j];  //列数据送P0口
                       delay1ms();
                       j++;         //指向数组中下一个显示码
                    }
                }
           }
        }
  }
//函数名:delay1ms
//函数功能:采用软件实现延时约1ms
//形式参数:无
//返回值:无
void delay1ms()
  {
    unsigned int i;
    for(i=0;i<200;i++);
  }
```

（4）建立工程 2-3-3，把以下程序代码放到 Keil 编译软件工具中，生成 HEX 文件，加载到仿真电路图中，观察显示效果。对比工程 2-3-1 及 2-3-2 的显示效果，进行比较分析。

```c
#include<reg51.h>
#define uchar unsigned char
#define uint unsigned int
uchar code TB[]=
    {0x01,0x02,0x04,0x08,0x10,0x20,0x40,0x80};
uchar code TA[]=
  { 0xFF,0xFF,0xFF,0xFF,0xFF,0xFF,0xFF,0xFF,  //空屏
    0xFD,0xFD,0xFD,0xFD,0xFD,0xFD,0xC1,0xFF,  //L
    0xE3,0xDD,0xDD,0xDD,0xDD,0xDD,0xE3,0xFF,  //O
    0xDD,0xDD,0xDD,0xDD,0xDD,0xEB,0xF7,0xFF,  //V
    0xC1,0xFD,0xFD,0xC1,0xFD,0xFD,0xC1,0xFF,  //E
    0xFF,0xFF,0xFF,0xFF,0xFF,0xFF,0xFF,0xFF,  //空屏
  };
uchar i,t;
delay(uchar t)
  {
    while (t--) {;}
  }
void main(void)
  {
    uchar N,T;
    while(1)
      {
        for(N=0;N<40;N++)/*循环扫描一遍，40 帧（5 个字，每次显示要 8 帧）*/
          for(T=0;T<60;T++) //移动速度
            {
              for(i=0;i<8;i++)
                {
                  P2=~TB[i];
                  P1=~TA[i+N];
                  delay(100);
                }
            }
      }
  }
```

（5）建立工程 2-3-4，把以下程序代码放到 Keil 编译软件工具中，生成 HEX 文件，加载到仿真电路图中，观察显示效果。对比工程 2-3-1、2-3-2、2-3-2 的显示效果，进行比较分析。

```c
/*8×8 行扫描，左移显示*/
#include<reg51.h>
#define uchar unsigned char
#define uint unsigned int
uchar code TAB[]=
    {0xFF,0xF7,0xFB,0x81,0xFB,0xF7,0xFF,0xFF};
uchar i,t,j=0;
delay(uchar t)
  {
    while (t--)
      {;}
  }
void main(void)
  {
    uchar T,Y,Q;
    while(1)
      {
        for(Q=0;Q<8;Q++)
         for(T=0;T<100;T++)         //速度
           {
              P2=0x01;
              for(i=0;i<8;i++)
                {
                   Y=TAB[i+1]*256+TAB[i];
                   Y=Y<<(7-Q)|Y>>Q;  /*保证第 9 个数据的最高位移到第二次
                                       数据的最低处，再输入列端口*/
                   P1=Y%256;         /*P1=TAB[i]*/
                   delay(60);
                   P2=P2<<1|P2>>7;
                }
           }
      }
  }
```

如果将扫描方式改为列扫描，那么左右移动的程序就容易写了，但当点阵比较巨大并且硬件已经确定时，改变扫描方式不是好方法，甚至不可能实现。这里以行扫描为例（逐行取字模），第一次取字码数组中的第1~8个数据到点阵列输入端，行码扫描1~8行。第二次将第一次的1~8个数据都循环左（右）移一位，并且将第9个数据的最高位移到第二次数据的最低处，再输入到列端口，行扫描1~8行。即每次扫描都要把前一次扫描的列码左移一位。

任务评价

评价指标		分值	学生互评（40%）	老师评估（60%）	任务总评
任务内容	点阵基本知识	20			
	电路图设计	20			
	程序设计	20			
	综合调试效果	20			
现场管理	出勤情况	5			
	实验室纪律	5			
	团队协作精神	5			
	保持实验室卫生	5			

任务练习

（1）利用工程2-3-3，修改程序代码，实现字符"LOVE"在点阵下移的显示效果；
（2）利用工程2-3-4，修改程序代码，实现字符"LOVE"在点阵右移的显示效果；
（3）仿真成功后，将代码下载到实验箱继续调试。

任务思考

一、程序设计题

以下是8×8点阵下移显示字符"LOVE"的程序代码，部分代码缺失，请根据提示完成代码。

```
/*8×8行扫描，下移显示*/
#include<reg51.h>
#define uchar unsigned char
#define uint unsigned int
uchar code TAB[]=
```

```
    {0xFF,0xFF,0xFF,0xFF,0xFF,0xFF,0xFF,0xFF,        //空屏
     0xFD,0xFD,0xFD,0xFD,0xFD,0xFD,0xC1,0xFF,        //L
     0xE3,0xDD,0xDD,0xDD,0xDD,0xDD,0xE3,0xFF,        //O
     0xDD,0xDD,0xDD,0xDD,0xDD,0xDD,0xEB,0xF7,0xFF,   //V
     0xC1,0xFD,0xFD,0xC1,0xFD,0xFD,0xC1,0xFF,        //E
     0xFF,0xFF,0xFF,0xFF,0xFF,0xFF,0xFF,0xFF,  };    //空屏
uchar idata Buffer[48]={0};       //缓存显示单元
uchar i,t;
delay(uchar t)
  {
    while(t--)
      {;}
  }
void main(void)
  {
    uchar N,T,m,n;
    for(m=0;m<6;m++)//循环扫描一遍,6个字,一个字是一帧(6帧能显示完整的6个字)
    for(n=0;n<8;n++)
        Buffer[8*m+n]=TAB[_____];    //将TAB数组中的数据重新排列,
                                            //TAB里面有48个数据
                                            //使得下移字母顺序不变
    while(1)
      {
        for(N=0;N<_____;N++)       //循环扫描一遍6帧
          for(T=0;T<70;T++)                 //速度
            {
              P2=0x80;
                for(i=0;i<8;i++)
                  {
                    P1=Buffer[i+N];
                    delay(100);
                    P2=_____;          //扫描起始行为第一行
```
/*显示的结果:P2=0x80,只显示第一行,在下面的8次小循环中,第一行一次显示了L从上到下移动的每次第一行要显示的单元,当P2=0x40时,由于前面一行始终比当前一行早,

所以总是显示 L 在向下移动*//
                    }
                }
            }
        }

二、思考题

（1）LED 大屏幕点阵显示器一次能点亮多少行？显示的原理是什么？
（2）LED 大屏幕点阵显示器的行和列是怎么区分的？

三、技能提高

任务 1：独立设计一段代码，要求实现将字符"箭头"从左向右滚动显示。字符"箭头"的字型编码如下：{0xFF，0xF7，0xFB，0x81，0xFB，0xF7，0xFF，0xFF}。

评价要点：流程图绘制、硬件电路原理图修改、软件程序修改、软硬件联调、实物连接。

任务 2：在任务三仿真电路图的基础上，从 8×8 点阵扩展到 16×16 点阵电路，修改电路连接和程序代码，实现自己姓名的轮流显示效果。

评价要点：硬件电路原理图修改、软件程序修改、软硬件联调、实物连接。

任务四　数码管显示 4×4 矩阵键盘按键号

任务目标

通过 4 个独立式按键控制数码管数字显示及 4×4 矩阵式按键控制数码管显示对应数字的设计与仿真演示，熟悉独立式按键及矩阵式按键编程方法。

任务要求

（1）采用图 2.4.1 所示的仿真电路 1，根据任务资讯，建立工程 2-4-1，编写代码完成按键 K1~K3 控制数码管显示数字加 1、减 1、归 0 的效果；

（2）采用图 2.4.2 所示的仿真电路 2，根据任务资讯，建立工程 2-4-2，采用反转法检测形式，编写代码完成 4×4 按键控制数码管显示数字 1~16 的效果；

（3）建立工程 2-4-3，参照工程 2-4-2，编写代码完成 3×3 按键控制数码管显示数字 0~9 的效果。

仿真电路图

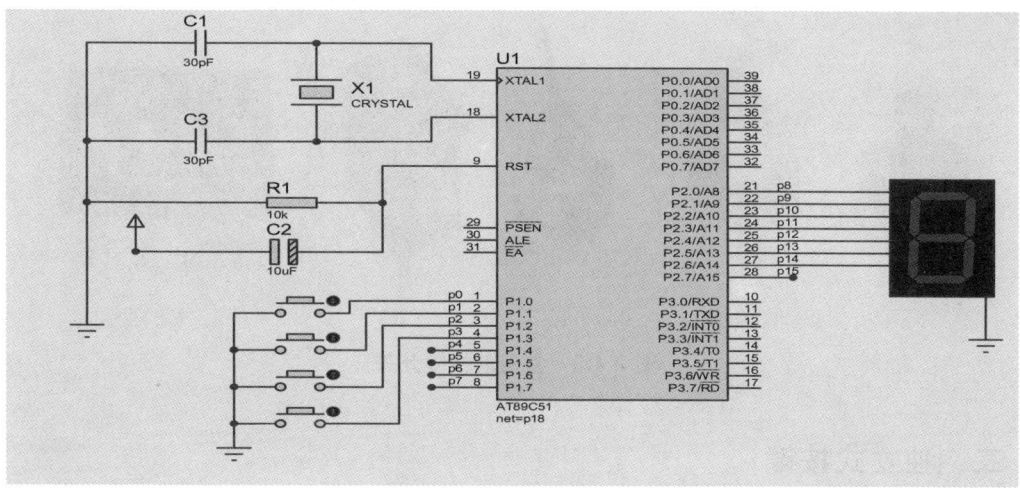

图 2.4.1 仿真电路 1

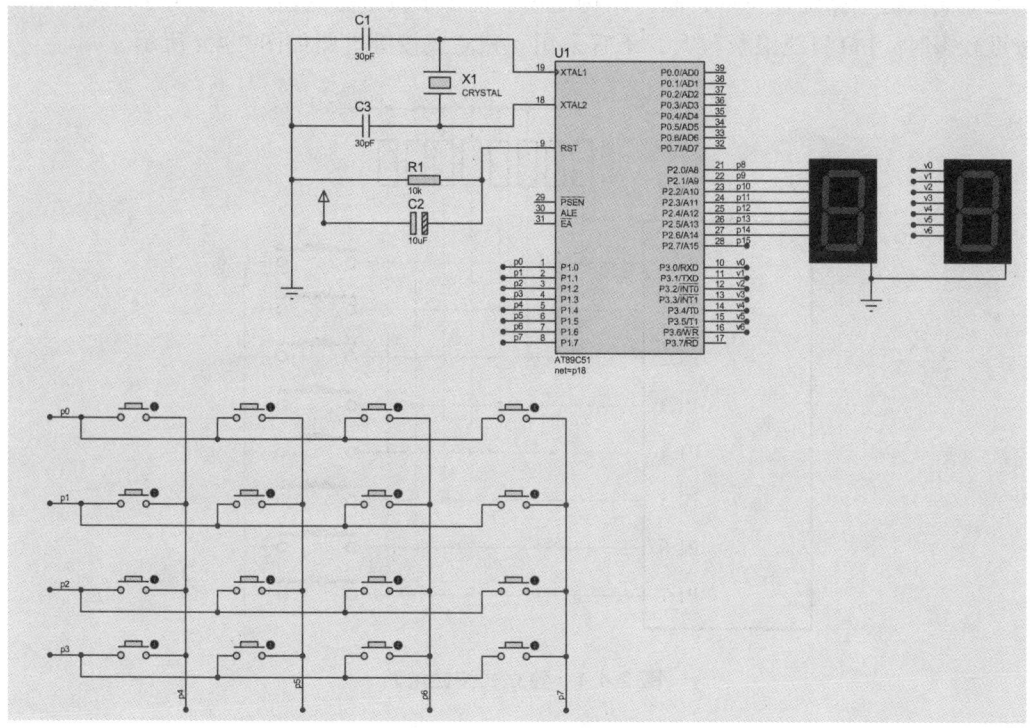

图 2.4.2 仿真电路 2

任务资讯

一、认识常用按键开关

单片机应用系统中经常使用的按键开关如图 2.4.3 所示。

图 2.4.3　常用的按键开关

二、独立式按键

独立式按键电路配置灵活，软件结构简单，但每个按键必须占用一根 I/O 口线，因此，在按键较多时，I/O 口线浪费较大，不宜采用。独立式按键电路如图 2.4.4 所示。

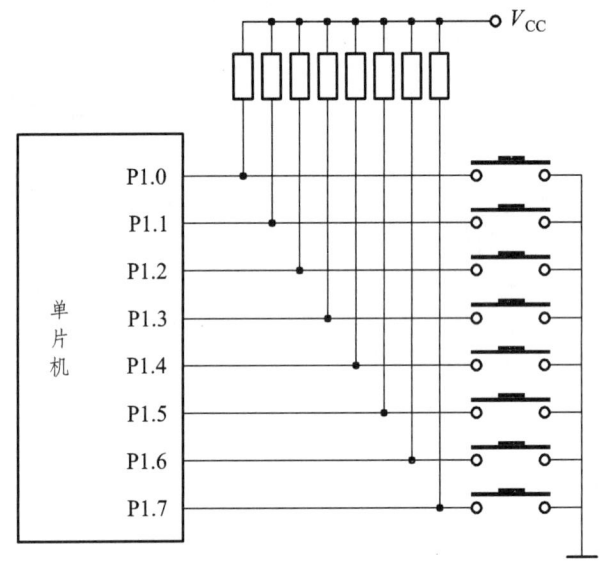

图 2.4.4　独立式按键电路

三、矩阵式按键

通常，矩阵式键盘的列线由单片机输出口控制，行线连接单片机的输入口。其结构如图 2.4.5 所示。

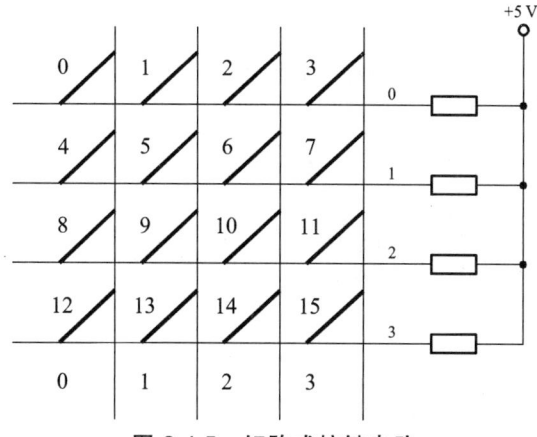

图 2.4.5 矩阵式按键电路

四、矩阵式键盘按键识别

（1）判断有无键按下；
（2）键盘扫描取得闭合键的行、列号；
（3）用计算法或查表法得到键值；
（4）判断闭合键是否释放，如没释放则继续等待；
（5）将闭合键的键值保存，同时转去执行该闭合键的功能。

任务实施

（1）搭建图 2.4.1 所示的仿真电路图 1。本任务使用 P1 口控制 3 个独立式按键，使用 P2 口控制数码管显示。其中按键 1（P1.0）控制数码管加 1 操作，按键 2（P1.1）控制数码管减 1 操作，按键 3（P1.2）控制数码管归 0 操作。
（2）建立工程 2-4-1，把以下程序代码放到 Keil 编译软件工具中，生成 HEX 文件，加载到仿真电路图中，观察显示效果。

```
#include"reg51.h"
#define uint unsigned int
#define uchar unsigned char
sbit key2=P1^0;   //独立式按键一
sbit key3=P1^1;   //独立式按键二
sbit key4=P1^2;   //独立式按键三
uchar code num[10]=
  {0xc0,0xf9,0xa4,0xb0,0x99,0x92,0x82,0xf8,0x80,0x90};
delay(uint t)    //延时函数
  {
    uint i,j;
```

```
    for(i=0;i<t;i++)
       for(j=110;j>0;j--);   //执行空语句
   }
main()   //主函数
  {
    int n=0;
    P2=~num[0];   //初始化显示 0
    while(1)
     {
       if(key1==0)   //检测按键是否按下
         {
           while(key1==0);   //去抖动
             {
               n++;   //加 1 操作
               P2=~num[n];
               if(n==9)   //加到 9 归 0
               n=0;
             }
         }
       if(key2==0)   //检测按键是否按下
         {
           while(key2==0);   //去抖动
             {
               n--;   //减 1 操作
               P2=~num[n];
               if(n==0||n==-1)   //减到 0 归 9
               n=9;
             }
         }
       if(key3==0)//检测按键是否按下
         {
           while(key3==0);//去抖动
             {
                n=0;//归 0 操作
                P2=~num[n];
             }
         }
      }
   }
```

（3）搭建图 2.4.2 所示的仿真电路图 2。本任务使用 P1 口控制 4×4 矩阵式按键，使用 P1 口控制矩阵式按键值的输入，其中前 4 位控制行选，后 4 位控制列选；使用 P2 口、P3 口各控制一个数码管显示对应按键的键值，依次是 0~15。

（4）建立工程 2-4-2，把以下程序代码放到 Keil 编译软件工具中，生成 HEX 文件，加载到仿真电路图中，观察显示效果。对比工程 2-4-1 的显示效果，进行比较分析。

```c
#include"reg51.h"
#define uint unsigned int
#define uchar unsigned char
uchar code num[10]=
  {0xc0,0xf9,0xa4,0xb0,0x99,0x92,0x82,0xf8,0x80,0x90};//
uint keyget()//按键扫描并获取按键值
  {
    uint r,c;
    int n;
    n=r=c=0;
    P1=0xf0;
    switch(P1)//行按下检测
      {
        case 0xe0:r=1;break;//检测到第一行
        case 0xd0:r=2;break;//检测到第二行
        case 0xb0:r=3;break;//检测到第三行
        case 0x70:r=4;break;//检测到第四行
        default:break;
      }
    P1=0x0f;//行与列扫描值进行翻转
    switch(P1)//列按下检测
      {
        case 0x0e:c=1;break;//检测到第一列
        case 0x0d:c=2;break;//检测到第二列
        case 0x0b:c=3;break;//检测到第三列
        case 0x07:c=4;break;//检测到第四列
        default:break;
      }
    switch(r)//行和列交点的扫描检测
      {
        case 1:if(c==1)n=1; if(c==2)n=2;
               if(c==3)n=3;if(c==4)n=4;break;
        case 2:if(c==1)n=5; if(c==2)n=6;
```

```
                    if(c==3)n=7;if(c==4)n=8;break;
            case 3:if(c==1)n=9;  if(c==2)n=10;
                    if(c==3)n=11;if(c==4)n=12;break;
            case 4:if(c==1)n=13; if(c==2)n=14;
                    if(c==3)n=15;if(c==4)n=16;break;
            default:break;
         }
      return (n);//返回检测到的按键值
   }
main()
 {
   uint a,b;
   while(1)
     {
        a=keyget()%10;//分离返回按键值的个位
        b=keyget()/10;//分离返回按键值的十位
        P2=~num[b];//显示十位
        P3=~num[a];//显示个位
     }
 }
```

任务评价

评价指标		分值	学生互评（40%）	老师评估（60%）	任务总评
任务内容	按键基本知识	20			
	电路图设计	20			
	程序设计	20			
	综合调试效果	20			
现场管理	出勤情况	5			
	实验室纪律	5			
	团队协作精神	5			
	保持实验室卫生	5			

任务练习

（1）利用工程2-4-1，修改程序代码，完成3×3矩阵式按键检测；
（2）利用工程2-4-2，修改程序代码，完成4×3矩阵式按键检测；
（3）仿真成功后，将代码下载到实验箱继续调试。

知识拓展

一、按键的分类

按键按照结构原理可分为两类：一类是触点式开关按键，如机械式开关、导电橡胶式开关等；另一类是无触点开关按键，如电气式按键，磁感应按键等。前者造价低，后者寿命长。

键盘按照接口原理可分为编码键盘与非编码键盘两类。这两类键盘的主要区别是识别键符及给出相应键码的方法不同。编码键盘主要是用硬件来实现对按键的识别，硬件结构复杂；非编码键盘主要是由软件来实现按键的定义与识别，硬件结构简单，软件编程量大。

二、按键的去抖

机械式按键在按下或释放时，由于机械弹性作用的影响，通常伴随有一定时间的触点机械抖动，然后其触点才稳定下来，如图 2.4.6 所示。抖动时间一般为 5~10 ms。在触点抖动期间检测按键的通与断状态，可能导致判断出错。

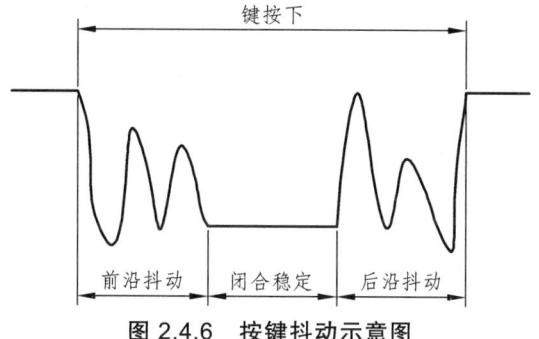

图 2.4.6　按键抖动示意图

按键去抖流程如图 2.4.7 所示。

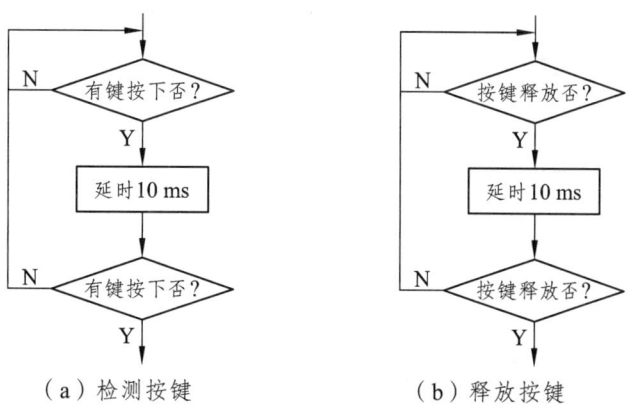

图 2.4.7　按键去抖流程图

任务思考

一、程序设计题

以下是3×3矩阵式按键检测的程序代码，部分代码缺失，请根据提示完成代码。

```c
/*3×3 矩阵式按键检测*/
#include"reg51.h"
#define uint unsigned int
#define uchar unsigned char
uchar code num[10]=
    {0xc0,0xf9,0xa4,0xb0,0x99,0x92,0x82,0xf8,0x80,0x90};//
uint keyget()//按键扫描并获取按键值
 {
    uint r,c;
    int n;
    n=r=c=0;
    P1=0xf8;//行检测初始化
    switch(P1)//行按下检测
      {
        case _____:r=1;break;//检测到第一行
        case _____:r=2;break;//检测到第二行
        case _____:r=3;break;//检测到第三行
        default:break;
      }
    P1=0x07;//列检测初始化
    switch(P1)//列按下检测
      {
        case _____:c=1;break;//检测到第一列
        case _____:c=2;break;//检测到第二列
        case _____:c=3;break;//检测到第三列
        default:break;
      }
    switch(r)//行和列交点的扫描检测
    {
        case 1:if(c==1)n=1; if(c==2)n=2;if(c==3)n=3;break;
```

```
            case 2:if(c==1)n=4; if(c==2)n=5; if(c==3)n=6;break;
            case 3:if(c==1)n=7; if(c==2)n=8; if(c==3)n=9;break;
            default:break;
        }
    return (n);//返回检测到的按键值
    }
main()
    {
        while(1)
          {
            P2=~num[_____];//显示按键值
          }
    }
```

二、思考题

（1）按键去抖动，还有其他方式吗？
（2）如果按键多于 10 个，应该怎么处理？
（3）采用矩阵法按键检测有什么好处，不利的地方在哪里？

三、技能提高

任务 1：独立设计电路连接和程序代码，实现 3×5 矩阵式按键检测。
评价要点：流程图绘制、硬件电路原理图修改、软件程序修改、软硬件联调、实物连接。
任务 2：在图 2.4.2 所示仿真电路图 2 的基础上，修改电路连接和程序代码，完成以下功能：按下按键 1~9 显示按键值，按下第 10 个按键进行加 1 操作，按下第 11 个按键进行减 1 操作，按下第 12 个按键进行加 2 操作，按下第 13 个按键进行减 2 操作，按下第 14 个按键进行加 3 操作，按下第 15 个按键进行减 3 操作，按下第 16 个按键进行归 0 操作。
评价要点：硬件电路原理图修改、软件程序修改、软硬件联调、实物连接。

任务五　LCD 1602 显示班级及学号

任务目标

通过将单片机与 LCD 1602 连接，用液晶屏显示出"XIAO FEI""130100189"的设计与仿真演示，掌握单片机常用外部电路的设计方法，综合、灵活运用 C 语言进行编程。

任务要求

采用图 2.5.1 所示的仿真电路，根据任务资讯，建立工程 2-5，编写代码实现液晶屏显示出"XIAO FEI""130100189"的效果。

仿真电路图

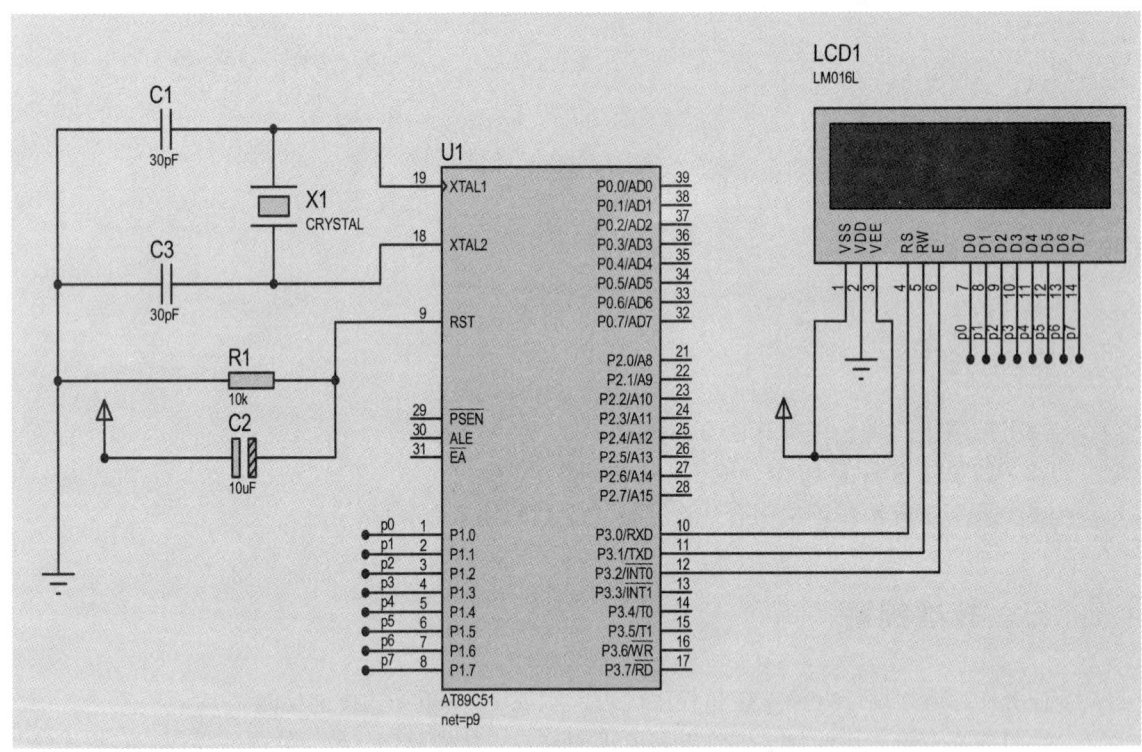

图 2.5.1　仿真电路图

任务资讯

一、字符 LCD 器件引脚

字符 LCD 器件的引脚排列如图 2.5.2 所示。

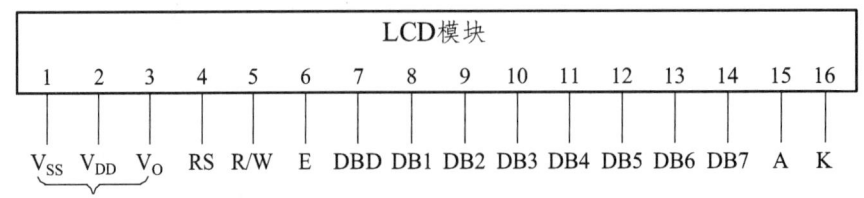

图 2.5.2　字符 LCD 器件引脚

V_{SS}：+5 V 电源管脚（V_{CC}）。

V_{DD}：地管脚（GND）。

V_O：液晶显示驱动电源（0~5 V）。

RS：数据和指令选择控制端。RS=0 表示命令/状态，RS=1 表示数据。

R/W：读写控制线。R/W=0 表示写操作，R/W=1 表示读操作。

E：数据读写操作控制位。E 线向 LCD 模块发送一个脉冲，LCD 模块与单片机之间将进行一次数据交换。

DB0~DB7：数据线，可以用 8 位连接，也可以只用高 4 位连接，以节约单片机资源。本实验中采用的是 8 位连接。

A：背光控制正电源。

K：背光控制地。

二、单片机与 LCD 模块之间的基本操作

单片机与 LCD 模块之间有四种基本操作：写命令、读状态、写显示数据、读显示数据，如表 2.5.1 所示。

表 2.5.1　单片机与 LCD 模块之间的基本操作

RS	R/W	操作
0	0	写命令操作（初始化、光标定位等）
0	1	读状态操作（读忙标志）
1	0	写数据操作（要显示的内容）
1	1	读数据操作（可以把显示存储区中的数据反读出来）

1. 初始化操作

LCD 上电时，都必须按照一定的时序对 LCD 进行初始化操作，主要任务是设置 LCD 的工作方式、显示状态、清屏、输入方式、光标位置等，如表 2.5.2 所示。

表 2.5.2　LCD 的初始化操作

编号	指令名称	控制信号		命令字							
		RS	R/W	D7	D6	D5	D4	D3	D2	D1	D0
1	清屏	0	0	0	0	0	0	0	0	0	1
2	归 home 位	0	0	0	0	0	0	0	0	1	×
3	输入方式设置	0	0	0	0	0	0	0	1	I/D	S
4	显示状态设置	0	0	0	0	0	0	1	D	C	B
5	光标画面滚动	0	0	0	0	0	1	S/C	R/L	×	×
6	工作方式设置	0	0	0	0	1	DL	N	F	×	×
7	CGRAM 地址设置	0	0	0	1	A5	A4	A3	A2	A1	A0
8	DDRAM 地址设置	0	0	1	A6	A5	A4	A3	A2	A1	A0
9	读 BF 和 AC	0	1	BF	AC6	AC5	AC4	AC3	AC2	AC1	AC0

（1）工作方式设置：001DL N F——设置单片机与LCD接口数据位数DL、显示行数N、字型模式F。

DL=1：8位，DL=0：4位；N=1：2行，N=0：1行；F=1：5×10，F=0：5×7。

例如：00111000B（38H）设置数据位数8位，2行显示，5×7点阵字符。

（2）显示状态设置：00001DCB——设整体显示开关D、光标开关C、光标位的字符闪烁B。

D=1：开显示；C=0：不显示光标；B=0：光标位字符不闪烁。

例如：00001100B（0CH）打开LCD显示，光标不显示，光标位字符不闪烁。

（3）清屏：清屏命令字01H，将光标设置为第一行第一列。

（4）输入方式设置：000001 I/D S——设光标移动方向并确定整体显示是否移动。

I/D=1：增量方式右移，I/D=0：减量方式左移；S=1：移位，S=0：不移位。

例如：00000110B（06H）设置光标增量方式右移，显示字符不移动。

2. 写数据操作命令字（表2.5.3）

表2.5.3 写数据操作命令字

行\列	1	2	3	4	5	6	7	8	9	10	11	12	13	14	15	16
1	80	81	82	83	84	85	86	87	88	89	8A	8B	8C	8D	8E	8F
2	C0	C1	C2	C3	C4	C5	C6	C7	C8	C9	CA	CB	CC	CD	CE	CF

注：表中命令字以十六进制形式给出，该命令字就是与LCD显示位置相对应的DDRAM地址。

任务实施

（1）搭建仿真电路图。本任务使用P1口控制LCD的数据输入端，使用P3口的前3位控制LCD的命令控制端。

（2）建立工程2-5，把以下程序代码放到Keil编译软件工具中，生成HEX文件，加载到仿真电路图中，观察显示效果。

```
#include <reg51.h>         //包含51单片机头文件
#include <lcd1602.h>       //包含LCD头文件
unsigned char x[] = "XIAO FEI";
unsigned char y[] = "130100189";
//--------------------------------------------//
#define uchar unsigned char
#define uint unsigned int
sbit LCD_RS=P3^0;    //RS  1:DATA     0 :COMMAND
sbit LCD_RW=P3^1;    //R/W 1:READ     0 :WRITE
sbit LCD_E=P3^2;     //E   1:ENABLE
#define LCD_ch    P1
```

```c
//------------------------------------------//
void delay(uint i)
  {
    while(i--);
  }
//***********写指令进入 LCD1602**************//
void LCD_command()
  {
    LCD_RS=0;
    LCD_RW=0;
    LCD_E=0;    delay(200);    //延时大约 2ms
    LCD_E=1;
  }
//********把数据写入 LCD1602****************//
void LCD_data()
  {
    LCD_RS=1;
    LCD_RW=0;
    LCD_E=0;    delay(200);
    LCD_E=1;
  }
//------------------------------------------//
void Init_LCD(void)    /*初始化液晶*/
  {
    LCD_ch=0x01;        //清屏
    LCD_command();
    LCD_ch=0x38;        //8位数据，两行显示，5*7 点阵
    LCD_command();
    LCD_ch=0x0c;        //开显示，关光标，关闪烁
    LCD_command();
    LCD_ch=0x06;        //读写数据后 AC 自动增一，画面不动
    LCD_command();
  }
/***********将数据 ch 显示在第 i 行第 j 列******/
void LCD_dis(uchar i,uchar j,uchar ch)
  {
    uchar    addr;
    if(i==0) addr = 0x80+j;     //设置为第一行
      else   addr = 0xc0+j;     //设置为第二行
    LCD_ch=addr;
```

```
        LCD_command();   //先写地址
        LCD_ch=ch;
        LCD_data();              //后送数据
    }
    void main()                  //主函数
    {
        unsigned int   i,j;
        Init_LCD();              //首先初始化各数据
        while(1)
          {
            for(i=0;i<36;i++)
              {
                //LCD_dis(1, i, 0x30+i); //LCD_dis(0, i, i+'0');
                LCD_dis(1, i, i+'A');
                LCD_dis(1, i,x[i]); //显示数组内容
                delay(5000);
              }
            for(j=0;j<10;j++)
              {
                LCD_dis(0,j,y[j]);
                delay(5000);}
              }
          }
```

任务评价

评价指标		分值	学生互评（40%）	老师评估（60%）	任务总评
任务内容	LED液晶基本知识	20			
	电路图设计	20			
	程序设计	20			
	综合调试效果	20			
现场管理	出勤情况	5			
	实验室纪律	5			
	团队协作精神	5			
	保持实验室卫生	5			

任务练习

（1）利用工程2-5，修改程序代码，实现字符"I LOVE CHINA"移动的显示效果；
（2）仿真成功后，将代码下载到实验箱继续调试。

任务思考

一、设计题

修改程序代码,使字符在按键没有松动的情况下连续移动,实现字符的循环移动,即当字符串移动到边界时仍可移动,显示不完的部分从另一边显示出来。

二、思考题

(1)怎么通过键盘控制"Hello"或者中文字符在 LCD 中左右、上下移动?
(2)怎么使用字符生成软件来实现任意字符代码的生成和显示?

三、技能提高

任务 1:独立设计一段代码,自定义一些字符、图形并显示出来。
评价要点:流程图绘制、硬件电路原理图修改、软件程序修改、软硬件联调、实物连接。
任务 2:查阅详细的技术资料,练习一些扩展指令的使用,设计电路连接和程序代码,能够显示文本、数据,并能够实时更新。
评价要点:硬件电路原理图修改、软件程序修改、软硬件联调、实物连接。

项目三

定时中断系统实训

本项目通过六个任务让学生掌握单片机的定时器/计数器相关电路的设计,能应用 C 语言程序完成单片机定时器初始化及相关编程控制,实现对定时器应用于相关电路的设计、运行及调试;能完成单片机的中断系统相关电路的设计,能应用 C 语言程序完成单片机中断系统初始化及相关编程控制,实现对中断系统应用于相关电路的设计、运行及调试;能够掌握单片机点对点、点对多数据传输的设计方法及编程方法。本项目介绍的单片机的中断控制技术,是整个单片机技术的核心部分,非常重要。

【知识目标】

（1）掌握定时器/计数器的基本工作原理;
（2）掌握定时器/计数器的基本结构及相关寄存器的设置;
（3）掌握 C 语言关于定时器的相关编程;
（4）学会利用单片机的定时器/计数器实现定时和计数功能;
（5）掌握中断系统的基本工作原理;
（6）掌握中断系统的基本结构及相关寄存器的设置;
（7）掌握 C 语言关于中断系统的相关编程;
（8）学会利用单片机的中断系统实现中断控制功能;
（9）了解串行通信的基本概念;
（10）熟悉串行口的基本结构及相关寄存器的设置;
（11）掌握串行口的 4 种工作方式;
（12）掌握多机通信的原理;
（13）学会利用 C51 对串行通信进行简单的编程。

【技能目标】

（1）能完成单片机的定时器/计数器相关电路的设计;
（2）能应用 C 语言程序完成单片机定时器初始化及相关编程控制,实现对定时器应用于相关电路的设计、运行及调试;
（3）能完成单片机的中断系统相关电路的设计;

(4)能应用 C 语言程序完成单片机中断系统初始化及相关编程控制，实现对中断系统应用于相关电路的设计、运行及调试；

(5)通过对串行通信基本知识和单片机串行通信基本原理的学习，掌握单片机点对点、点对多数据传输的设计方法及编程方法。

【情感目标】

(1)培养学生的沟通能力及团队协作精神；
(2)培养学生良好的职业道德；
(3)培养学生勇于创新、敬业乐业的工作作风；
(4)培养学生的质量意识和安全意识；
(5)培养学生的社会责任心和环保意识。

任务一　TIMER0 控制流水灯

任务目标

通过定时器控制 P0、P2 口的 LED 滚动显示的设计与仿真演示，熟练掌握 51 系列单片机内部 2 个 16 位的定时器/计数器 T0 和 T1 的应用。

任务要求

(1)完成仿真电路的搭建。
(2)根据任务资讯，建立工程 3-1-1，编写代码完成定时器控制 P0、P2 口的 LED 滚动显示。

仿真电路图

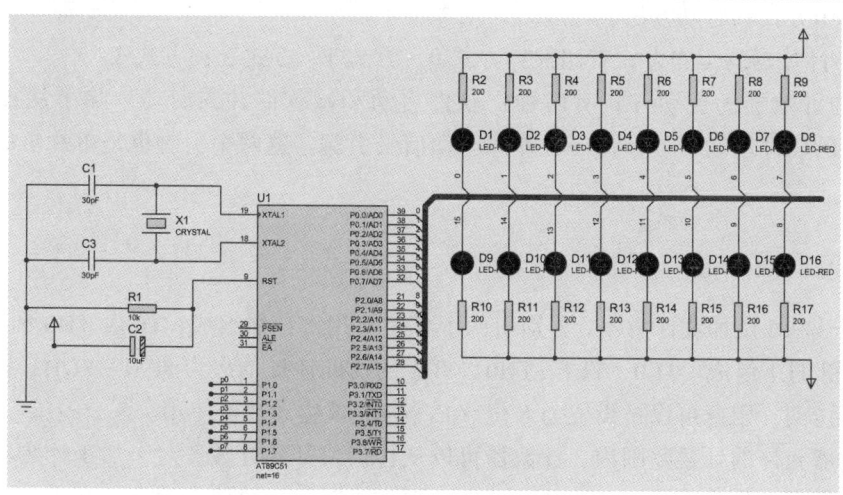

图 3.1.1　仿真电路图

任务资讯

一、定时器/计数器

51 系列单片机定时器/计数器的逻辑结构如图 3.1.2 所示。

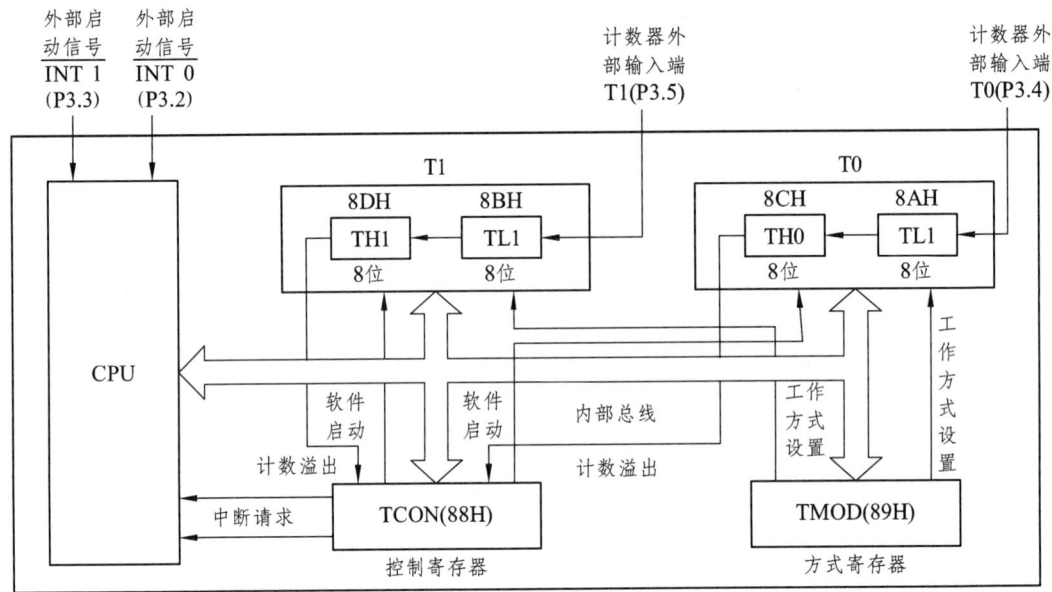

图 3.1.2　定时器/计数器逻辑结构示意图

51 系列单片机内部有两个 16 位的可编程定时器/计数器，称为定时器 T0 和定时器 T1。

1. 设置定时器/计数器工作方式

通过对方式寄存器 TMOD 的设置，可确定相应的定时器/计数器是定时功能还是计数功能，以及工作方式和启动方法。

定时器/计数器的工作方式有四种：方式 0、方式 1、方式 2 和方式 3。

定时器/计数器的启动方式有两种：软件启动和硬软件共同启动。除了从控制寄存器 TCON 发出的软件启动信号外，还有外部启动信号引脚，这两个引脚也是单片机的外部中断输入引脚。

2. 设置计数初值

T0、T1 是 16 位加法计数器，分别由两个 8 位专用寄存器组成，T0 由 TH0 和 TL0 组成，T1 由 TH1 和 TL1 组成。TL0、TL1、TH0、TH1 的访问地址依次为 8AH ~ 8DH，每个寄存器均可被单独访问，因此可以被设置为 8 位、13 位或 16 位计数器使用。

在计数器允许的计数范围内，计数器可以从任何值开始计数。对于加 1 计数器，当计到最大值时（对于 8 位计数器，当计数值从 255 再加 1 时，计数值变为 0），产生溢出。

定时器/计数器允许用户编程设定开始计数的数值，称为赋初值。初值不同，则计数器产生溢出时，计数个数也不同。例如：对于 8 位计数器，当初值设为 100 时，再加 1 计数 156 次，计数器就产生溢出；当初值设为 200 时，再加 1 计数 56 次，计数器产生溢出。

3. 启动定时器/计数器

定时器/计数器根据所设置的启动方式启动。如果采用软件启动，则需要把控制寄存器中的 TR0 或 TR1 置 1；如果采用硬软共同启动方式，不仅需要把控制寄存器中的 TR0 或 TR1 置 1，还需要相应外部启动信号为高电平。

二、定时器/计数器工作方式寄存器 TMOD

作用：用来确定两个定时器的工作方式。低半字节设置定时器 T0，高半字节设置定时器 T1。
字节地址：89H，不可以位寻址。
格式：

D7	D6	D5	D4	D3	D2	D1	D0
GATE	C/$\overline{T}$	M1	M0	GATE	C/$\overline{T}$	M1	M0
定时器1				定时器0			

各位的含义：

（1）C/$\overline{T}$——功能选择位。0 为定时器方式，1 为计数器方式。

（2）M1、M0——方式选择位。可以选择四种工作方式（0、1、2、3）之一。四种工作方式的区别将在后面讲解。

（3）GATE——门控位。

0：只要软件控制位 TR0 或 TR1 置 1 即可启动定时器。

1：只有 INT0 或 INT1 引脚为高电平，且 TR0 或 TR1 置 1 时，才能启动相应的定时器。

例如：设定时器 T0 为定时工作方式，要求用软件启动，按方式 1 工作；定时器 T1 为计数工作方式，要求用软件启动，按方式 2 工作。则根据 TMOD 各位的定义可知，其控制字为：

D7	D6	D5	D4	D3	D2	D1	D0
GATE	C/$\overline{T}$	M1	M0	GATE	C/$\overline{T}$	M1	M0
0	1	1	0	0	0	0	1

即控制字为 61H，其程序形式为：TMOD=0x61;

三、定时器/计数器工作方式寄存器 TCON

作用：用来控制两个定时器的启动、停止，表明定时器的溢出、中断情况。

字节地址：88H，可以位寻址。系统复位时，所有位均清零。
格式：

D7	D6	D5	D4	D3	D2	D1	D0
TF1	TR1	TF0	TR0	IE1	IT1	IE0	IT0

各位的含义（TCON 中的低 4 位与中断有关，将在后文中介绍）：

（1）TF1（8FH）——定时器 1 溢出标志。计满后自动置 1。

（2）TR1（8EH）——定时器 1 运行控制位。由软件清零关闭定时器 1。

当 GATE=0 时，TR1 软件置 1 即启动定时器 1；当 GATE=1 时，且 INT1 为高电平时，TR1 置 1 即启动定时器 1。

四、定时器的四种工作方式

定时器根据 M1、M0 来选择工作方式，具体如下：00——方式 0；01——方式 1；10——方式 2；11——方式 3。

各方式的主要特点如下：

方式 0：13 位定时器，TH0 的 8 位+TL0 的低 5 位；

方式 1：16 位定时器，TH0 的 8 位+TL0 的 8 位；

方式 2：能重复置初始值的 8 位定时器，TL0 和 TH0 必须赋相同的值；

方式 3：只适用于定时器 0，T0 被拆成两个独立的 8 位定时器 TL0 和 TH0。

其中，TL0 与方式 0、1 相同，可定时或计数，用定时器 T0 的 GATE、C/T、TR0、TF0、T0 和 INT0 控制；TH0 只可用作简单的内部定时功能，占用 T1 的控制位 TF1、TR1 和 INT1，启动、关闭仅受 TR1 控制。

五、定时器初始值的计算

对于不同的工作方式，计数器位数不同，故最大计数值 M 也不同。

方式 0：$M=2^{13}=8192$。

方式 1：$M=2^{16}=65536$。

方式 2：$M=2^8=256$。

方式 3：定时器 0 分为 2 个 8 位计数器，M 均为 256。

因为定时器/计数器是做加 1 计数，并在计满溢出时产生中断，因此初值 X 的计算公式如下：

$$X=M-\text{计数值}$$

计算出来的结果 X 转换为 16 进制数后分别写入 TL0（TL1）、TH0（TH1）。注意：在方式 0 下写入初始值时，对于 TL 不用的高 3 位应填入 0。

例 1：用 T1、工作方式 0 实现 1 s 延时函数，晶振频率为 12 MHz。

方式 0 采用 13 位计数器，其最大定时时间为：8192×1 μs=8.192 ms，因此，可选择定时时间为 5 ms，再循环 200 次。

定时时间为 5 ms，则计数值为 5 ms/1 μs=5 000，T1 的初值为：

$$X=M-计数值=8\ 192-5\ 000=3\ 192=C78H=0110001111000B$$

13 位计数器中 TL1 的高 3 位未用，填写 0，TH1 占高 8 位，所以，X 的实际填写值应为：

$$X=0110001100011000B=6318H$$

用 T1 方式 0 实现的延时 1 s 的函数如下：

```
void delay1s()
  {
   unsigned char i;
   TMOD=0x00;                  // 置 T1 为工作方式 0
   for(i=0;i<0xc8;i++)
     {            // 设置 200 次循环
       TH1=0x63;               // 设置定时器初值
       TL1=0x18;
       TR1=1;                  // 启动 T1
       while(!TF1); // 查询计数是否溢出，即定时 5 ms 时间到，TF1=1
       TF1=0; // 5 ms 定时时间到，将定时器溢出标志位 TF1 清零
     }
  }
```

例 2：用 T1、工作方式 2 实现 1 s 延时，晶振频率为 12 MHz。

因工作方式 2 是 8 位计数器，其最大定时时间为：256×1 μs=256 μs。为实现 1 s 延时，可选择定时时间为 250 μs，再循环 4 000 次。

定时时间选定后，可确定计数值为 250，则 T1 的初值为：

$$X=M-计数值=256-250=6=6H$$

采用 T1 方式 2 工作，因此，TMOD =0x20。

用定时器工作方式 2 实现的延时 1 s 函数如下：

```
void delay1s()
  {
   unsigned int i;    // i 的取值范围为 0~4000，因此不能定义成 unsigned char
   TMOD=0x20;         // 设置 T1 为方式 2
   TH1=6;             // 设置定时器初值，放在 for 循环之外
   TL1=6;
   for(i=0;i<4000;i++)
     {          // 设置 4000 次循环
       TR1=1;                  // 启动 T1
```

```
        while(!TF1);          // 查询计数是否溢出，即定时 250 μs 时间到，TF1=1
        TF1=0;                // 250 μs 定时时间到，将定时器溢出标志位 TF1 清零
    }
}
```

任务实施

（1）搭建图 3.1.1 所示仿真电路图。本任务使用 P1 口、P2 口连接 16 个 LED 的负极，另一端接电源。

（2）建立工程 3-1-1，把以下程序代码放到 Keil 编译软件工具中，生成 HEX 文件，加载到仿真电路图中，观察显示效果。

```
#include<reg51.h>
#include<intrins.h>
#define uchar unsigned char
#define uint unsigned int
//主程序
void main()
  {
    uchar T_Count=0;
    P0=0xfe;
    P2=0xfe;
    TMOD=0x01;   //定时器 0 工作方式 1
    TH0=(65536-40000)/256;   //40 ms 定时
    TL0=(65536-40000)%256;
    TR0=1;   //启动定时器
    while(1)
      {
        if(TF0==1)
         {
            TF0=0;
            TH0=(65536-40000)/256;   //恢复初值
            TL0=(65536-40000)%256;
            if(++T_Count==5)
              {
                P0=_crol_(P0,1);
                P2=_crol_(P2,1);
```

```
                    T_Count=0;
                }
            }
        }
    }
```

任务评价

	评价指标	分值	学生互评（40%）	老师评估（60%）	任务总评
任务内容	定时器基本知识	20			
	电路图设计	20			
	程序代码编写	20			
	综合调试	20			
现场管理	出勤情况	5			
	课程纪律	5			
	团队协作精神	5			
	保持实验室卫生	5			

任务练习

（1）把定时器的计数初值改成 20 ms，设置寄存器以实现相同的效果；
（2）仿真成功后，将代码下载到实验箱继续调试。

知识拓展

定时器/计数器的初始化步骤

（1）确定工作方式，对方式寄存器 TMOD 赋值；
（2）预置定时或计数初值，直接将其写入 T0、T1 中；
（3）根据需要对中断允许寄存器有关位赋值，以开放或禁止定时器/计数器中断；
（4）启动定时器/计数器，将 TRi 赋值为 "1"。

任务思考

一、程序填空题

根据题目要求，完成程序代码。

题目：T0 控制 LED 实现二进制计数

说明：本程序对按键的计数没有使用查询法，没有使用外部中断函数，也没有使用定时或计数中断函数，而是启用了计数器。每次按下连接在 T0 引脚的按键时，会使计数寄存器的值递增，其值通过 LED 以二进制形式显示。

```
#include<reg51.h>
//主程序
void main()
  {
      TMOD=_____;  //定时器 0 为计数器，工作方式 1，最大计数值 65535
      TH0=_____;  //初值为 0
      TL0=_____;
      TR0=_____;  //启动定时器
      while(1)
        {
          P1=TH0;
          P2=TL0;
        }
  }
```

二、思考题

（1）使用定时器 T1 试一次，效果是否一样？

（2）LED 可以接其他管脚吗？为什么？

（3）51 系列单片机的定时器 T1 用作定时方式时，采用工作方式 1，则工作方式控制字为多少？

（4）51 系列单片机的定时器 T0 用作定时方式时，采用工作方式 1，则如何初始化编程？

三、技能提高

任务 1：利用仿真电路图，修改程序代码，实现以下功能：定时器 T0 定时控制一组 LED，滚动速度较快；定时器 T1 定时控制另一组 LED，滚动速度较慢。

评价要点：流程图绘制、硬件电路原理图修改、软件程序修改、软硬件联调、实物连接。

任务 2：修改电路连接和程序代码，实现 8 个数码管分两组动态显示年、月、日与时、分、秒，显示延时用定时器实现。

评价要点：硬件电路原理图修改、软件程序修改、软硬件联调、实物连接。

任务二 10 s 秒表

任务目标

通过 10 s 秒表的设计与仿真演示,熟练掌握 51 系列单片机定时中断 T0、T1 及中断基本概念,理解中断标志及中断工作过程。

任务要求

(1)根据任务提示的电路图,在 Proteus 中完成仿真电路的搭建;
(2)建立工程 3-2-1,根据任务资讯,在 Keil 上编写代码实现定时中断 T0 控制的 10 s 秒表。

仿真电路图

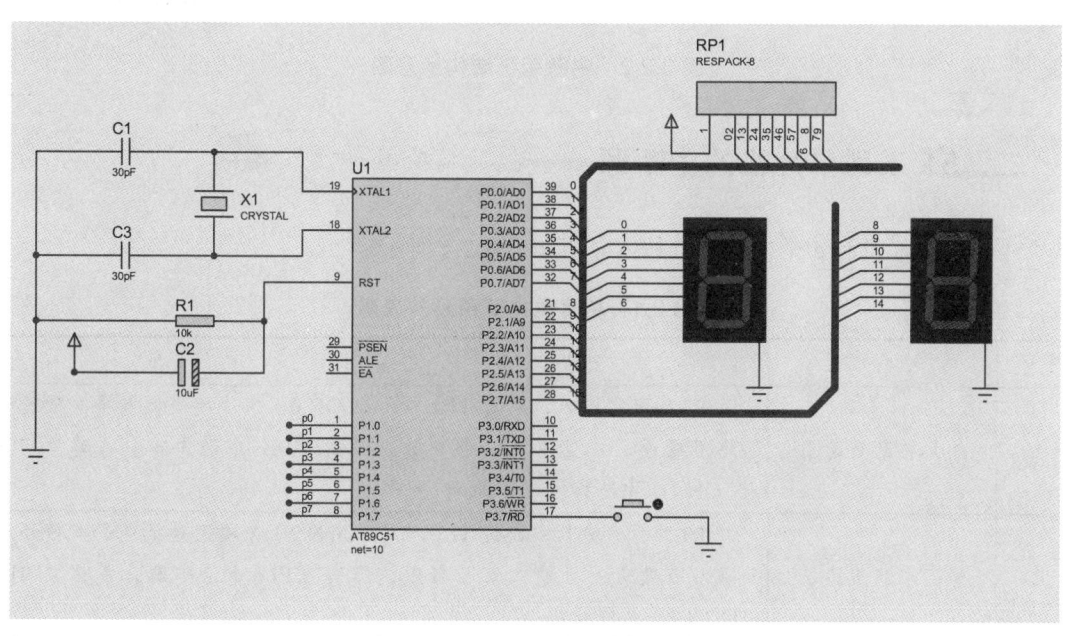

图 3.2.1 仿真电路图

任务资讯

一、中断系统的结构

51 系列单片机中断系统内部结构如图 3.2.2 所示。

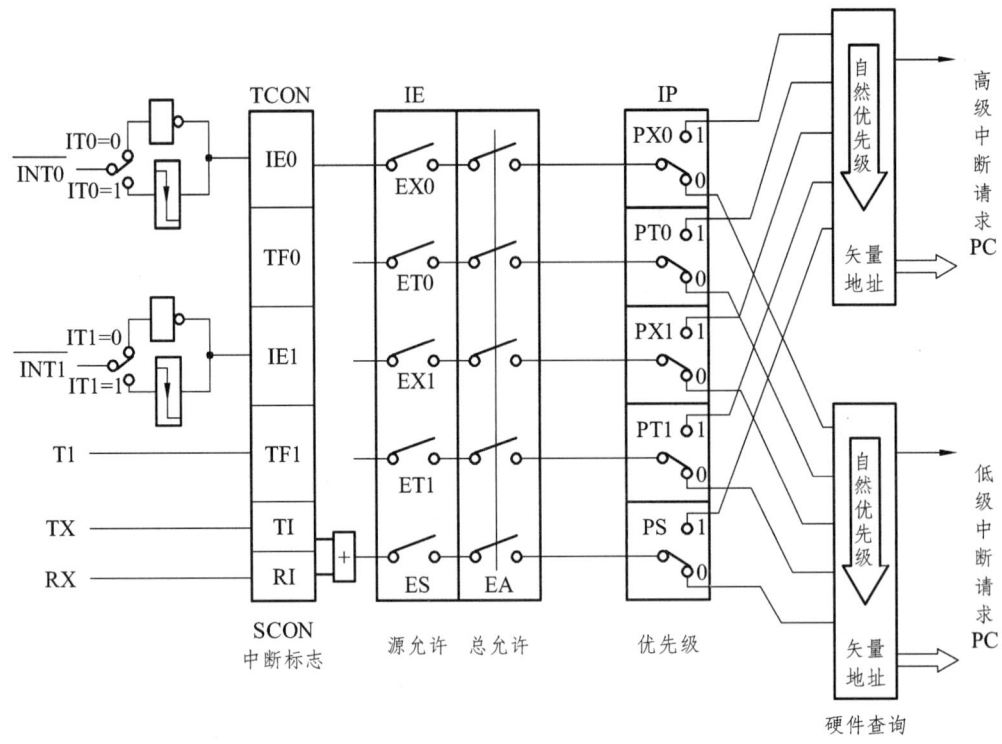

图 3.2.2 中断系统结构示意图

二、51 系列单片机的中断源

51 系列单片机有 5 个中断源,具体介绍如表 3.2.1 所示。

表 3.2.1 单片机中断源及其说明

序号	中断源	说　　明
1	外部中断 0 请求	由 P3.2 引脚输入,通过 IT0 位(TCON.0)来决定是低电平有效还是下降沿有效。一旦输入信号有效,即向 CPU 申请中断,并建立 IE0(TCON.1)中断标志
2	外部中断 1 请求	由 P3.3 引脚输入,通过 IT1 位(TCON.2)来决定是低电平有效还是下降沿有效。一旦输入信号有效,即向 CPU 申请中断,并建立 IE1(TCON.3)中断标志
3	T0 溢出中断请求	当 T0 产生溢出时,T0 溢出中断标志位 TF0(TCON.5)置位(由硬件自动执行),请求中断处理
4	T1 溢出中断请求	当 T1 产生溢出时,T1 溢出中断标志位 TF1(TCON.7)置位(由硬件自动执行),请求中断处理
5	串行口中断请求	当接收或发送完一个串行帧时,内部串行口中断请求标志位 RI(SCON.0)或 TI(SCON.1)置位(由硬件自动执行),请求中断

三、中断标志位

中断标志位及其说明如表 3.2.2 所示。

表 3.2.2　中断标志位及其说明

中断标志位		位名称	说　明
TF1	T1 溢出中断标志	TCON.7	T1 被启动计数后，从初值开始加 1 计数，计满溢出后由硬件置位 TF1，同时向 CPU 发出中断请求。此标志一直保持到 CPU 响应中断后才由硬件自动清 0。也可由软件查询该标志，并由软件清 0。前述的定时器编程都是采用查询方式实现
TF0	T0 溢出中断标志	TCON.5	T0 被启动计数后，从初值开始加 1 计数，计满溢出后由硬件置位 TF0，同时向 CPU 发出中断请求。此标志一直保持到 CPU 响应中断后才由硬件自动清 0。也可由软件查询该标志，并由软件清 0
IE1	中断标志	TCON.3	IE1=1，外部中断 1 向 CPU 申请中断
IT1	中断触发方式控制位	TCON.2	IT1=0，外部中断 1 控制为电平触发方式；IT1=1，外部中断 1 控制为边沿（下降沿）触发方式
IE0	中断标志	TCON.1	IE0=1，外部中断 0 向 CPU 申请中断
IT0	中断触发方式控制位	TCON.0	IT0=0，外部中断 0 控制为电平触发方式；IT0=1，外部中断 0 控制为边沿（下降沿）触发方式
TI	串行发送中断标志	SCON.1	CPU 将数据写入发送缓冲器 SBUF 时，启动发送，每发送完一个串行帧，硬件都使 TI 置位；但 CPU 响应中断时并不自动清除 TI，必须由软件清除
RI	串行接收中断标志	SCON.0	当串行口允许接收时，每接收完一个串行帧，硬件都使 RI 置位；同样，CPU 在响应中断时不会自动清除 RI，必须由软件清除

四、中断的开放和禁止

51 系列单片机的 5 个中断源都是可屏蔽中断。中断系统内部设有一个专用寄存器 IE，用于控制 CPU 对各中断源的开放或屏蔽。IE 寄存器格式如下：

D7	D6	D5	D4	D3	D2	D1	D0
EA	×	×	ES	ET1	EX1	ET0	EX0

中断允许位及其说明如表 3.2.3 所示。

表 3.2.3　中断允许位及其说明

中断允许位	位名称	位名称	说　明
EA	总中断允许控制位	IE.7	EA=1，开放所有中断，各中断源的允许和禁止可通过相应的中断允许位单独加以控制；EA=0，禁止所有中断
ES	串行口中断允许位	IE.4	ES=1，允许串行口中断；ES=0，禁止串行口中断
ET1	T1 中断允许位	IE.3	ET1=1，允许 T1 中断；ET1=0，禁止 T1 中断
EX1	外部中断 1 中断允许位	IE.2	EX1=1，允许外部中断 1 中断；EX1=0，禁止外部中断 1 中断
ET0	T0 中断允许位	IE.1	ET0=1，允许 T0 中断；ET0=0，禁止 T0 中断
EX0	外部中断 0 中断允许位	IE.0	EX0=1，允许外部中断 0 中断；EX0=0，禁止外部中断 0 中断

五、中断服务程序

中断响应过程就是自动调用并执行中断函数的过程。

C51 编译器支持在 C 源程序中直接以函数形式编写中断服务程序。常用的中断函数定义语法如下：

void　函数名（）　　　interrupt　n

其中，n 为中断类型号，取值范围为 0～31。表 3.2.4 给出了 8051 控制器所提供的 5 个中断源所对应的中断类型号和中断服务程序入口地址。

表 3.2.4　中断源入口地址

中断源	n（中断类型号）	入口地址
外部中断 0	0	0003H
定时/计数器 0	1	000BH
外部中断 1	2	0013H
定时/计数器 1	3	001BH
串行口	4	0023H

任务实施

（1）搭建仿真电路图。本任务使用 P0 口、P2 口各控制一个数码管。

（2）把以下程序代码放到 Keil 编译软件工具中，生成 HEX 文件，加载到仿真电路图中，观察显示效果。

```c
#include<reg51.h>
#define uchar unsigned char
#define uint unsigned int
sbit K1=P3^7;
uchar i,Second_Counts,Key_Flag_Idx;
bit Key_State;
uchar DSY_CODE[]={0x3f,0x06,0x5b,0x4f,0x66,0x6d,0x7d,0x07,0x7f,0x6f};

//延时
void DelayMS(uint ms)
  {
    uchar t;
    while(ms--) for(t=0;t<120;t++);
  }

//处理按键事件
void Key_Event_Handle()
  {
    if(Key_State==0)
      {
        Key_Flag_Idx=(Key_Flag_Idx+1)%3;
        switch(Key_Flag_Idx)
          {
            case 1: EA=1;ET0=1;TR0=1;break;
            case 2: EA=0;ET0=0;TR0=0;break;
            case 0: P0=0x3f;P2=0x3f;i=0;Second_Counts=0;
          }
      }
  }
//主程序
void main()
  {
    P0=0x3f; //显示00
    P2=0x3f;
```

```c
        i=0;
        Second_Counts=0;
        Key_Flag_Idx=0; //按键次数(取值0,1,2,3)
        Key_State=1; //按键状态
        TMOD=0x01; //定时器0 方式1
        TH0=(65536-50000)/256; //定时器0:15ms
        TL0=(65536-50000)%256;
        while(1)
          {
            if(Key_State!=K1)
              {
                DelayMS(10);
                Key_State=K1;
                Key_Event_Handle();
              }
          }
    }
//T0 中断函数
void DSY_Refresh() interrupt 1
  {
    TH0=(65536-50000)/256; //恢复定时器0 初值
    TL0=(65536-50000)%256;
    if(++i==2) //50ms*2=0.1s 转换状态
      {
        i=0;
        Second_Counts++;
        P0=DSY_CODE[Second_Counts/10];
        P2=DSY_CODE[Second_Counts%10];
        if(Second_Counts==100) Second_Counts=0; //满100(10s)后显示00
      }
  }
```

任务评价

评价指标		分值	学生互评（40%）	老师评估（60%）	任务总评
任务内容	中断系统知识	20			
	电路图认知	20			
	任务程序设计	20			
	任务完成效果	20			
现场管理	出勤情况	5			
	实验纪律	5			
	团队协作精神	5			
	保持实验室卫生	5			

任务练习

（1）设计电路，独立编写程序，实现 4 个 LED 在定时器中断控制下滚动闪烁。
（2）仿真成功后，将代码下载到实验箱继续调试。

知识拓展

一、中断的基本概念

中断是指通过硬件来改变 CPU 的运行方向。计算机在执行程序的过程中，外部设备向 CPU 发出中断请求信号，要求 CPU 暂时中断当前程序的执行而转去执行相应的处理程序，待处理程序执行完毕后，再继续执行原来被中断的程序。这种程序在执行过程中由于外界的原因而被中间打断的情况称为"中断"。

（1）中断服务程序：CPU 响应中断后，转去执行相应的处理程序，该处理程序通常被称为中断服务程序。
（2）主程序：原来正常运行的程序被称为主程序。
（3）断点：主程序被断开的位置（或地址）被称为断点。
（4）中断源：引起中断的原因，或能发出中断申请的来源，被称为中断源。
（5）中断请求：中断源要求服务的请求被称为中断请求（或中断申请）。

二、中断响应

中断响应是指 CPU 对中断源中断请求的响应。CPU 并非在任何时刻都能响应中断请求，而是在满足所有中断响应条件，且不存在任何一种中断阻断的情况下才会响应。

CPU 响应中断的条件有：① 有中断源发出中断请求；② 中断总允许位 EA 置 1；③ 申请中断的中断源允许位置 1。

CPU 响应中断的阻断情况有：① CPU 正在响应同级或更高优先级的中断；② 当前指令未执行完；③ 正在执行中断返回或访问寄存器 IE 和 IP。

三、中断响应时间

中断响应时间是指从中断请求标志位置位到 CPU 开始执行中断服务程序的第一条语句所需要的时间。

中断请求不被阻断的情况下，外部中断响应时间至少需要 3 个机器周期，这是最短的中断响应时间。一般来说，若系统中只有一个中断源，则中断响应时间为 3~8 个机器周期。

中断请求被阻断的情况下，如果系统不满足所有中断响应条件或者存在任何一种中断阻断情况，那么中断请求将被阻断，中断响应时间将会延长。

任务思考

一、程序设计题

根据题目要求，完成程序代码。

1. 定时器控制单个 LED

```
/*说明：LED 在定时器的中断例程控制下不断闪烁。*/
#include<reg51.h>
#define uchar unsigned char
#define uint unsigned int
sbit LED=P0^0;
uchar T_Count=0;
//主程序
void main()
  {
    TMOD=0x00; //定时器 0 工作方式 0
    TH0=_____; //5 ms 定时
    TL0=_____;
    IE=_____; //允许 T0 中断
    TR0=1;
    while(1);
```

        }
//T0 中断函数
void LED_Flash() interrupt_____
   {
      TH0=_____;   //恢复初值
      TL0=_____;
      if(++T_Count==100) //0.5 s 开关一次 LED
        {
           LED=~LED;
           T_Count=0;
        }
   }

2. 定时器控制 4 个 LED 滚动闪烁

/*说明：4 个 LED 在定时器控制下滚动闪烁。*/
#include<reg51.h>
#define uchar unsigned char
#define uint unsigned int
sbit B1=P0^0;
sbit G1=P0^1;
sbit R1=P0^2;
sbit Y1=P0^3;
uint i,j,k;
//主程序
void main()
   {
      i=j=k=0;
      P0=0xff;
      TMOD=_____;   //定时器 0 工作方式 2
      TH0=_____;   //200 μs 定时
      TL0=_____;
      IE=0x82;
      TR0=_____;   //启动定时器
      while(1);
   }
//T0 中断函数

```
void LED_Flash_and_Scroll() interrupt _____
  {
    if(++k<35) return; //定时中断若干次后执行闪烁
    k=0;
    switch(i)
      {
        case 0: B1=~B1;break;
        case 1: G1=~G1;break;
        case 2: R1=~R1;break;
        case 3: Y1=~Y1;break;
        default:i=0;
      }
    if(++j<300) return; //每次闪烁持续一段时间
    j=0;
    P0=0xff; //关闭显示
    _____; //切换到下一个 LED
  }
```

二、思考题

（1）51系列单片机中，在同一级别里除串行口外，优先执行的中断源是哪个？

（2）51系列单片机有哪几个中断源？

（3）在定时器/计数器的计数初值计算中，若设最大计数值为 M，则其在工作方式 1 下的 M 值为多少？

（4）如果定时器控制寄存器 TCON 中的 IT1 和 IT0 位为 0，则其外部中断请求信号方式是什么？

（5）5 个外部中断源所对应的中断类型号分别是什么？

（6）设定时器/计数器工作在方式 1 下，晶振频率为 6 MHz，其最短定时时间和最长定时时间各是多少？

三、技能提高

任务 1：设计电路图和程序，实现在 6 个数码管上完成 0～99 999.9 s 计时的功能。中断程序代码如下：

```
//T0 中断函数
void Timer0() interrupt 1
```

```
    {
      uchar i;
      TH0=(65536-50000)/256;  //恢复初值
      TL0=(65536-50000)%256;
      if(++Count!=2) return;
      Count=0;
      Digits_of_6DSY[0]++;
      for(i=0;i<=5;i++)  //进位处理
        {
          if(Digits_of_6DSY[i]==10)
            {
              Digits_of_6DSY[i]=0;
              if(i!=5) Digits_of_6DSY[i+1]++;
            }
          else break;  //若某低位没有进位，该循环提前结束
        }
    }
```

评价要点：流程图绘制、硬件电路原理图修改、软件程序修改、软硬件联调、实物连接。

任务 2：修改电路连接和程序代码，实现在 8 个数码管上分两组动态显示年、月、日与时、分、秒，显示延时用定时器实现。

评价要点：硬件电路原理图修改、软件程序修改、软硬件联调、实物连接。

任务三　INT0 及 INT1 中断计数

任务目标

通过 INT0 及 INT1 中断计数的设计与仿真演示，熟练掌握 51 系列单片机外部中断 INT0、INT1 及中断基本概念，理解中断标志及中断工作过程。

任务要求

（1）根据任务提示的电路图，在 Proteus 中完成仿真电路的搭建；

（2）建立工程 3-3-1，根据任务资讯，在 Keil 上编写代码实现：每次按下第 1 个计数键时，第 1 组计数值累加并显示在右边 3 只数码管上；每次按下第 2 个计数键时，第 2 组计数值累加并显示在左边 3 只数码管上；按下后两个按键，分别将两组数码管清零。

仿真电路图

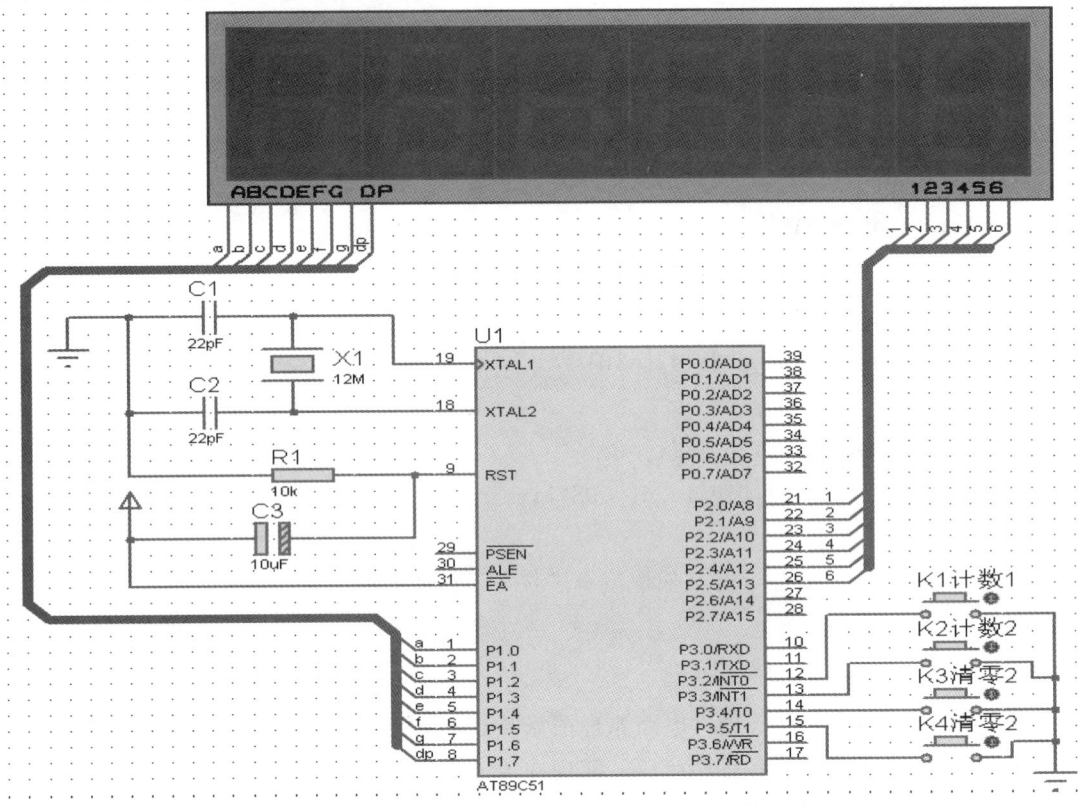

图 3.3.1 仿真电路图

任务实施

（1）搭建仿真电路图。本任务使用 P0 口和 P2 口各控制一个数码管，组成一个两位静态显示数码管。

（2）通过建立工程 3-3-1，把以下程序代码放到 Keil 编译软件工具中，生成 HEX 文件，加载到仿真电路图中，观察显示效果。

```
#include<reg51.h>
#define uchar unsigned char
#define uint unsigned int
sbit K3=P3^4;  //2 个清零键
sbit K4=P3^5;
//数码管段码与位码
uchar code DSY_CODE[]={0xc0,0xf9,0xa4,0xb0,0x99, 0x92,
                      0x82,0xf8,0x80,0x90,0xff};
uchar code DSY_Scan_Bits[]={0x20,0x10,0x08,0x04,0x02,0x01};
```

//2 组计数的显示缓冲，前3位一组，后3位一组
```c
uchar data Buffer_Counts[]={0,0,0,0,0,0};
uint Count_A,Count_B=0;
//延时
void DelayMS(uint x)
  {
    uchar t;
    while(x--) for(t=0;t<120;t++);
  }
//数据显示
void Show_Counts()
  {
    uchar i;
    Buffer_Counts[2]=Count_A/100;
    Buffer_Counts[1]=Count_A%100/10;
    Buffer_Counts[0]=Count_A%10;
    if( Buffer_Counts[2]==0)
      {
        Buffer_Counts[2]=0x0a;
        if( Buffer_Counts[1]==0)
        Buffer_Counts[1]=0x0a;
      }
    Buffer_Counts[5]=Count_B/100;
    Buffer_Counts[4]=Count_B%100/10;
    Buffer_Counts[3]=Count_B%10;
    if( Buffer_Counts[5]==0)
      {
        Buffer_Counts[5]=0x0a;
        if( Buffer_Counts[4]==0)
        Buffer_Counts[4]=0x0a;
      }
    for(i=0;i<6;i++)
      {
        P2=DSY_Scan_Bits[i];
        P1=DSY_CODE[Buffer_Counts[i]];
        DelayMS(1);
      }
```

```c
    }
//主程序
void main()
  {
    IE=0x85;
    PX0=1; //中断优先
    IT0=1;
    IT1=1;
    while(1)
      {
        if(K3==0) Count_A=0;
        if(K4==0) Count_B=0;
        Show_Counts();
      }
  }
//INT0 中断函数
void EX_INT0() interrupt 0
  {
    Count_A++;
  }
//INT1 中断函数
void EX_INT1() interrupt 2
  {
    Count_B++;
  }
```

任务评价

评价指标		分值	学生互评（40%）	老师评估（60%）	任务总评
任务内容	中断系统知识	20			
	电路图设计	20			
	程序设计	20			
	综合调试效果	20			
现场管理	出勤情况	5			
	实验室纪律	5			
	团队协作精神	5			
	保持实验室卫生	5			

任务练习

（1）利用工程 3-3-1，修改程序代码，实现数码管显示在计数到某一位后按键停止功能；
（2）利用工程 3-3-1，修改程序代码，实现数码管显示在计数到某一位后按键启动功能；
（3）仿真成功后，将代码下载到实验箱继续调试。

知识拓展

一、中断技术的优点

（1）分时操作——CPU 可以同多个外设"同时"工作。
（2）实时处理——CPU 可及时处理随机事件。
（3）故障处理——电源掉电、存储出错、运算溢出等情况的处理。

二、中断处理过程

中断处理过程分为三个阶段：中断响应、中断处理和中断返回。
（1）中断响应：在满足 CPU 的中断响应条件之后，CPU 对中断源中断请求予以处理。
中断响应过程包括：保护断点地址，把程序转向中断服务程序的入口地址（通常称矢量地址）。应特别注意这些工作是由硬件自动完成的。
中断服务子程序入口地址又称为中断矢量或中断向量。单片机中 5 个中断源的矢量地址是固定的，不能改动。
（2）中断处理：中断服务程序从中断子程序入口地址开始执行，直到返回为止，这个过程称为中断处理（或中断服务）。
中断服务子程序一般包括两部分内容：一是保护和恢复现场，二是处理中断源的请求。
单片机的中断为固定入口式中断，即一响应中断就转入固定入口地址执行中断服务程序。具体入口如表 3.3.2 所示。

表 3.3.1 中断源入口地址

编号	中断源	入口地址
0	INT0	0003H
1	T0	000BH
2	INT1	0013H
3	T1	001BH
4	RI/TI	0023H

在这些单元中往往是一些跳转指令，跳到真正的中断服务程序，这是因为给每个中断源安排的空间只有 8 个单元。

8051 的 CPU 在响应中断请求时，由硬件自动形成转向与该中断源对应的服务程序入口地址，这种方法为硬件向量中断法。

C51 编译器支持在 C 源程序中直接开发中断程序，因此减轻了用汇编语言开发中断程序的烦琐过程。

使用该扩展属性的函数定义语法如下：

返回值　函数名　interrupt n　//n 对应中断源的编号

（3）响应时间：从查询中断请求标志位到转向中断服务入口地址所需的机器周期数。

① 最快响应时间。

以外部中断的电平触发为最快，从查询中断请求信号到执行中断服务程序需要 3 个机器周期：1 个周期（查询）+2 个周期（长调用 LCALL）。

② 最长时间。

若当前指令是 RET、RETI 和 IP、IE 指令，紧接着下一条是乘除指令，则最长为 8 个周期：2 个周期执行当前指令（其中含有 1 个周期用于查询），4 个周期执行乘除指令，2 个周期执行长调用。

（4）中断返回：中断处理程序的最后一条指令是 RETI，它使 CPU 结束中断处理程序的执行，返回到断点处，继续执行主程序。

在中断返回前，应该撤除该中断请求，否则会引起重复中断。

（5）寄存器组切换：若程序流程转向新任务，新任务使用的各寄存器破坏了第一个任务使用的中间信息。当第一个任务重新执行时，寄存器的值可能引起错误的发生。解决问题的方法是当运行一个中断任务时，采用不同的寄存器组。C51 编译器可以特殊指定寄存器独立的函数。

当前工作寄存器由 PSW 中 RS1、RS0 设置，也可使用 using 指定，"using" 后的变量为一个 0~3 的常整数。例如：

```
void function(void) using 3
    {
        ...
    }
```

"using" 对函数的目标代码影响如下：函数入口处将当前寄存器组保留，使用指定的寄存器组，函数退出前寄存器组恢复。

任务思考

一、程序设计题

题目：INT0 中断计数

说明：每次按下计数键时触发 INT0 中断，中断程序累加计数，计数值显示在 3 个数码管上，按下清零键时数码管清零。

```c
#include<reg51.h>
#define uchar unsigned char
#define uint unsigned int
//0~9 的段码
uchar code DSY_CODE[]={0x3f,0x06,0x5b,0x4f,0x66,
                      0x6d,0x7d,0x07,0x7f,0x6f,0x00};
//计数值分解后各个待显示的数位
uchar DSY_Buffer[]={0,0,0};
uchar Count=0;
sbit Clear_Key=P3^6;
//数码管上显示计数值
void Show_Count_ON_DSY()
  {
    DSY_Buffer[2]=_____;  //获取 3 个数
    DSY_Buffer[1]=_____;
    DSY_Buffer[0]=_____;
    if(DSY_Buffer[2]==0) //高位为 0 时不显示
      {
        DSY_Buffer[2]=0x0a;
        if(DSY_Buffer[1]==0) //高位为 0，若第二位为 0 同样不显示
        DSY_Buffer[1]=0x0a;
      }
    P0=DSY_CODE[DSY_Buffer[0]];
    P1=DSY_CODE[DSY_Buffer[1]];
    P2=DSY_CODE[DSY_Buffer[2]];
  }
//主程序
void main()
  {
    P0=0x00;
    P1=0x00;
    P2=0x00;
    IE=_____;  //允许 INT0 中断
    IT0=_____;  //下降沿触发
    while(1)
      {
```

```
            if(Clear_Key==0) Count=0;  //清 0
            Show_Count_ON_DSY();
        }
    }
//INT0 中断函数
void EX_INT0() interrupt _____
    {
        _____;  //计数值递增
    }
```

二、思考题

外部中断有哪两种触发方式？如何选择和设定？

三、技能提高

任务 1：独立设计一段代码，要求外部 INT0 中断控制 LED，每次按键都会触发 INT0 中断，中断发生时将 LED 状态取反，产生 LED 状态由按键控制的效果。

评价要点：流程图绘制、硬件电路原理图修改、软件程序修改、软硬件联调、实物连接。

任务 2：设计电路连接和程序代码，要求 INT0 中断计数，每次按下计数键时触发 INT0 中断，中断程序累加计数，计数值显示在 2 个数码管上，按下清零键时数码管清零。

评价要点：硬件电路原理图修改、软件程序修改、软硬件联调、实物连接。

任务四 用计数器中断实现 100 以内的按键计数

任务目标

通过用计数器中断实现 100 以内的按键计数，熟悉 51 系列外部中断 INT0、INT1 及中断基本概念，理解中断标志及中断工作过程。

任务要求

（1）根据任务提示的电路图，在 Proteus 中完成仿真电路的搭建；

（2）建立工程 3-4-1，根据任务资讯，在 Keil 上编写代码实现用计数器中断实现 100 以内的按键计数。

仿真电路图

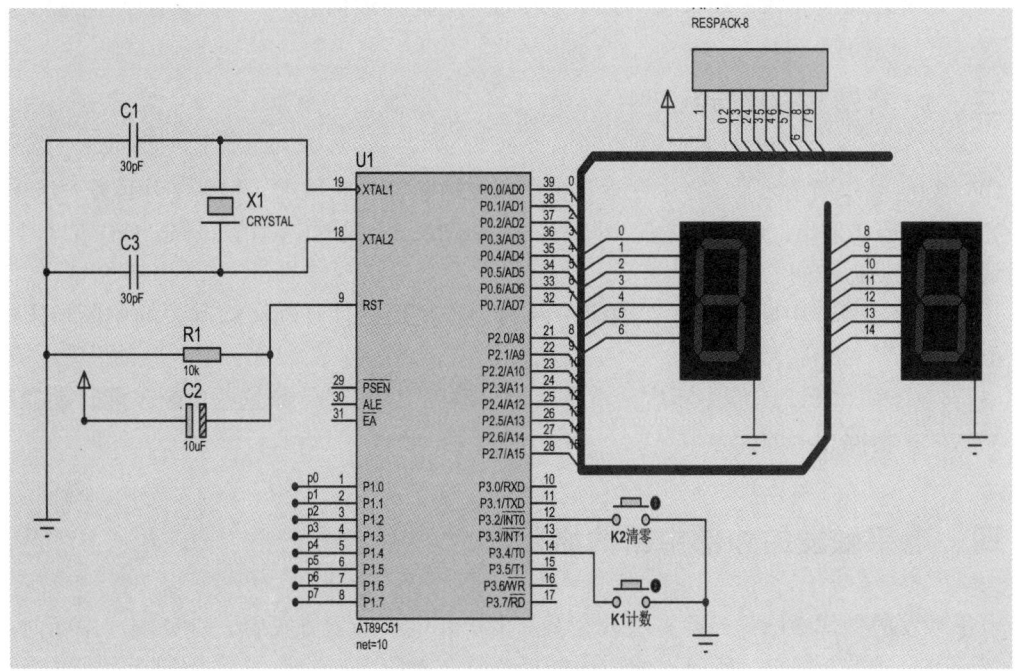

图 3.4.1　仿真电路图

任务资讯

一、IP 寄存器——中断优先级寄存器

51 系列单片机有两个中断优先级——高级和低级。

专用寄存器 IP 为中断优先级寄存器,其格式如图 3.4.2 所示,用户可用软件设定。相应位为 1,对应的中断源被设置为高优先级;相应位为 0,对应的中断源被设置为低优先级;系统复位时,均为低优先级。

该寄存器可以按位寻址。

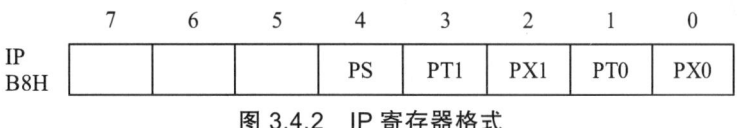

图 3.4.2　IP 寄存器格式

二、中断优先级处理原则

同时发生多个中断申请时的处理原则如下:
(1) 不同优先级的中断同时申请(很难遇到)——先高后低。
(2) 相同优先级的中断同时申请(很难遇到)——按序执行。

(3)正处理低优先级中断又接到高级别中断——高打断低。

(4)正处理高优先级中断又接到低级别中断——高不理低。

三、中断请求的撤除

CPU 响应某中断请求后,在中断返回前,应该撤除该中断请求,否则会引起另一次中断。

定时器 0 或 1 溢出:CPU 在响应中断后,硬件清除了有关的中断请求标志 TF0 或 TF1,即中断请求是自动撤除的。

边沿激活的外部中断:CPU 在响应中断后,也是用硬件自动清除有关的中断请求标志 IE0 或 IE1。

串行口中断:CPU 响应中断后,没有用硬件清除 T1、R1,故这些中断不能自动撤除,而要靠软件来清除相应的标志位。

四、电平触发的外部中断的撤除

电平触发的外部中断的撤除方法较复杂。由于在电平触发方式中,CPU 响应中断时不会自动清除 IE1 或 IE0 标志,所以在响应中断后应立即撤除 INT0 或 INT1 引脚上的低电平。

在硬件上,CPU 对 INT0 和 INT1 引脚的信号不能控制,所以这个问题要通过硬件配合软件来解决。

任务实施

(1)搭建图 3.4.1 所示仿真电路。本任务使用 P3.2 口控制 1 个独立式按键,作为清零按键;用 P3.4 口控制 1 个独立式按键,作为触发按键;用 P0 口、P2 口各控制 1 个数码管。

(2)通过建立工程 3-4-1,把以下程序代码放到 Keil 编译软件工具中,生成 HEX 文件,加载到仿真电路图中,观察显示效果。

```
#include <reg51.h>
#define uchar unsigned char
#define uint unsigned int
//段码
uchar codeDSY_CODE[]=
    {0x3f,0x06,0x5b,0x4f,0x66,0x6d,0x7d,0x07,0x7f,0x6f,0x00;}
uchar Count=0;
//主程序
void main()
  {
    P0=0x00;
    P2=0x00;
```

```
    TMOD=0x06; //计数器 T0 方式 2
    TH0=TL0=256-1; //计数值为 1
    ET0=1; //允许 T0 中断
    EX0=1; //允许 INT0 中断
    EA=1; //允许 CPU 中断
    IT0=1; //INT0 中断触发方式为下降沿触发
    TR0=1; //启动 T0
    while(1)
      {
        P0=DSY_CODE[Count/10];
        P2=DSY_CODE[Count%10];
      }
  }
//T0 计数器中断函数
void Key_Counter() interrupt 1
  {
    Count=(Count+1)%100; //因为只有两位数码管,计数控制在 100 以内(00~99)
  }
//INT0 中断函数
 void Clear_Counter() interrupt 0
  {
    Count=0;
  }
```

任务评价

评价指标		分值	学生互评(40%)	老师评估(60%)	任务总评
任务内容	中断基本知识	20			
	电路图设计	20			
	程序设计	20			
	综合调试效果	20			
现场管理	出勤情况	5			
	实验室纪律	5			
	团队协作精神	5			
	保持实验室卫生	5			

任务练习

（1）利用工程 3-4-1，修改程序代码，使用外部中断 1 完成设计。
（2）仿真成功后，将代码下载到实验箱继续调试。

知识拓展

一、中断系统的应用

中断控制实质上是对 4 个寄存器 TCON、SCON、IE、IP 进行管理和控制，包括：
（1）CPU 的开、关中断。
（2）具体中断源中断请求的允许和禁止（屏蔽）。
（3）各中断源优先级别的控制。
（4）外部中断请求触发方式的设定。
中断管理和控制程序一般都包含在主程序中，根据需要通过几条指令来完成。
中断服务程序是一种具有特定功能的独立程序段，可根据中断源的具体要求进行服务。

二、中断前后要做的几项工作

1. 中断前

（1）开中断允许（必须）。
（2）选择优先级（根据需要选择，可有可无）。
（3）设置控制位：INTx——触发方式（ITx）；
　　　　　　　　Tx——TCON，TMOD，TRx，初值……
　　　　　　　　RI/TI——SCON，REN，RB8，TB8，……

2. 中断后

（1）进入中断服务后：保护现场，关中断，……
（2）退出中断服务前：恢复现场，开中断，设 Tx 的初值，清 TI/RI，……

三、外部中断源的扩展

单片机仅有两个外部中断输入端，可用两种方法扩展：
（1）定时器 T0，T1（工作在计数方式下）；
（2）中断和查询结合。

任务思考

一、程序设计题

以下代码用于实现用定时器设计的门铃效果，部分代码缺失，请按要求补充完整。

```c
#include<reg51.h>
#define uchar unsigned char
#define uint unsigned int
sbit Key=P1^7;
sbit DoorBell=P3^0;
uint p=0;
//主程序
void main()
  {
    DoorBell=0;
    TMOD=_____;  //T0 方式 0
    TH0=_____;   //700μs 定时
    TL0=_____;
    IE=0x82;
    while(1)
      {
        if(_____)  //按下按键启动定时器
          {
            TR0=1;
            while(Key==0);
          }
      }
  }
//T0 中断控制点阵屏显示
void Timer0() interrupt _____
  {
    DoorBell=~DoorBell;
    p++;
```

```
        if(p<400)  //若需要拖长声音，可以调整 400 和 800
          {
            TH0=_____;  //700 μs 定时
            TL0=_____;
          }
        else if(p<800)
          {
            TH0=_____;  //1 ms 定时
            TL0=_____;
          }
        else
          {
            TR0=0;
            p=0;
          }
      }
```

二、思考题

（1）使用 T1 定时器中断试一次，效果是否一样？

（2）51 系列单片机的定时器 T0 用作定时方式时，采用工作方式 1，则初始化编程为什么？

（3）要使 51 系列单片机的定时器 T0 启动计数和停止计数，怎么处理 TCON（控制寄存器）？

三、技能提高

任务 1：独立设计电路连接和程序代码，实现在 8 个数码管上分两组动态显示年、月、日与时、分、秒，显示延时用定时器实现。参考如下中断函数，完成其他部分。

```
//T0 中断函数控制数码管刷新显示
void DSY_Show() interrupt 1
  {
    TH0=(8192-4000)/32;  //恢复初值
    TL0=(8192-4000)%32;
```

```
        P0=0xff; //输出位码和段码
        P0=DSY_CODE[Table_of_Digits[i][j]];
        P3=_crol_(P3,1);
        j=(j+1)%8; //数组第 i 行的下一字节索引
        if(++t!=350) return; //保持刷新一段时间
        t=0;
        i=(i+1)%2; //数组行 i=0 时显示年月日，i=1 时显示时分秒
    }
```

评价要点：流程图绘制、硬件电路原理图修改、软件程序修改、软硬件联调、实物连接。

任务 2：结合之前所学内容，实现按键控制 8×8 LED 点阵屏显示图形。

说明：每次按下 K1 时，会使 8×8 LED 点阵屏循环显示不同图形。搭建电路图，参考下列程序代码，建立工程，综合调试，实现效果。本任务同时使用外部中断和定时中断。

```
#include <intrins.h>
#define uchar unsigned char
#define uint unsigned int
//待显示图形编码
uchar code M[][8]=
    {
        {0x00,0x7e,0x7e,0x7e,0x7e,0x7e,0x7e,0x00}, //图 1
        {0x00,0x38,0x44,0x54,0x44,0x38,0x00,0x00}, //图 2
        {0x00,0x20,0x30,0x38,0x3c,0x3e,0x00,0x00}  //图 3
    };
uchar i,j;
//主程序
void main()
    {
        P0=0xff;
        P1=0xff;
        TMOD=0x01; //T0 方式 1
        TH0=(65536-2000)/256; //2 ms 定时
        TL0=(65536-2000)%256;
        IT0=1; //下降沿触发
        IE=0x83; //允许定时器 0、外部 0 中断
        i=0xff; //i 的初值设为 0xff，加 1 后将从 0 开始
        while(1);
```

```
    }
//T0 中断控制点阵屏显示
void Show_Dot_Matrix() interrupt 1
    {
        TH0=(65536-2000)/256;  //恢复初值
        TL0=(65536-2000)%256;
        P0=0xff;  //输出位码和段码
        P0=~M[i][j];
        P1=_crol_(P1,1);
        j=(j+1)%8;
    }
//INT0 中断（定时器由键盘中断启动）
void Key_Down() interrupt 0
    {
        P0=0xff;
        P1=0x80;
        j=0;
        i=(i+1)%3;  //i 在 0，1，2 中取值，因为只要 3 个图形
        TR0=1;
    }
```

评价要点：硬件电路原理图修改、软件程序修改、软硬件联调、实物连接。

任务五　甲机通过串口控制乙机 LED

任务目标

通过甲机使用串口方式发送控制命令字符的设计与仿真演示，掌握单片机串口中断（发送和接收）的设计方法，综合、灵活运用 C 语言进行编程。

任务要求

采用图 3.5.1 所示仿真电路，根据任务资讯，建立工程 3-5-1，编写代码实现：甲机负责向外发送控制命令字符"A""B""C"，或者停止发送，乙机根据所接收到的字符完成 LED1 闪烁、LED2 闪烁、双闪烁或停止闪烁的效果。

仿真电路图

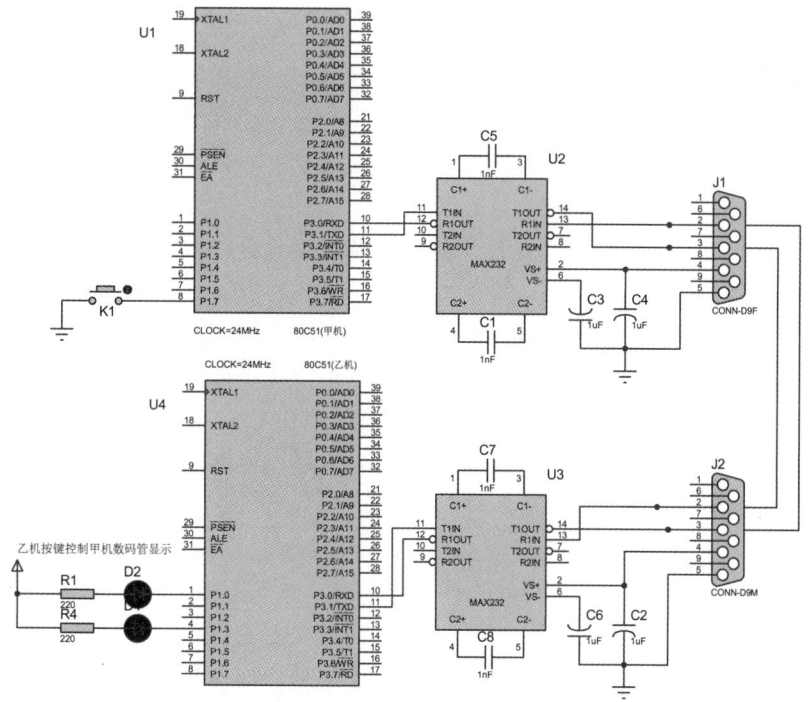

图 3.5.1 仿真电路图

任务资讯

一、并行通信和串行通信

并行通信和串行通信两种通信方式的工作原理如图 3.5.2 所示。

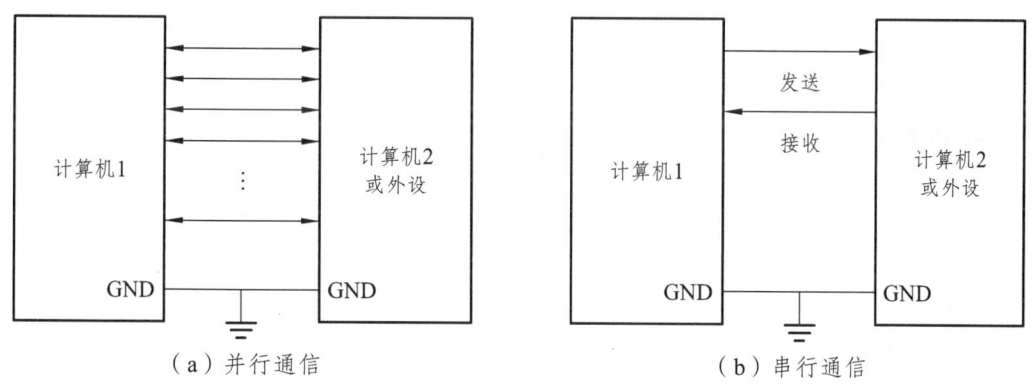

图 3.5.2 并行通信与串行通信原理示意图

并行通信中,信息传输的位数和数据位数相等;串行通信中,数据一位一位地顺序传送。

并行通信速度快，传输线多，适合于近距离的数据通信，但硬件接线成本高；串行通信速度慢，但硬件成本低，传输线少，适合于长距离数据传输。

二、串行通信的制式

按照数据传送方向，串行通信可分为单工（simplex）、半双工（half duplex）和全双工（full duplex）三种制式。

在单工制式下，通信线的一端是发送器，一端是接收器，数据只能按照一个固定的方向传送。

在半双工制式下，系统的每个通信设备都由一个发送器和一个接收器组成，但同一时刻只能有一个站发送，一个站接收，两个方向上的数据传送不能同时进行。其收发开关一般是由软件控制的电子开关。

全双工通信系统的每端都有发送器和接收器，可以同时发送和接收数据，即数据可以在两个方向上同时传送。

三、异步通信

在异步通信中，数据通常是以字符为单位组成字符帧传送的。字符帧由发送端一帧一帧地发送，每一帧数据是低位在前、高位在后，通过传输线被接收端一帧一帧地接收。发送端和接收端可以由各自独立的时钟来控制数据的发送和接收，这两个时钟彼此独立，互不同步。在异步通信中，接收端是依靠字符帧格式来判断发送端是何时开始发送、何时结束发送的。

字符帧也叫数据帧，由起始位、数据位、奇偶校验位和停止位等四部分组成。

异步通信的另一个重要指标为波特率。波特率为每秒传送二进制数码的位数，单位为 b/s，即位/秒。波特率用于表征数据传输的速度，波特率越高，数据传输速度越快。通常，异步通信的波特率为 50~9 600 b/s。

四、同步通信

同步通信是一种连续串行传送数据的通信方式，一次通信只传输一帧信息。这里的信息帧和异步通信的字符帧不同，通常有若干个数据字符，但它们均由同步字符、数据字符和校验字符 CRC 三部分组成。在同步通信中，同步字符可以采用统一的标准格式，也可以由用户约定格式。

五、51 系列单片机的串行接口

51 系列单片机的串行接口如图 3.5.3 所示。

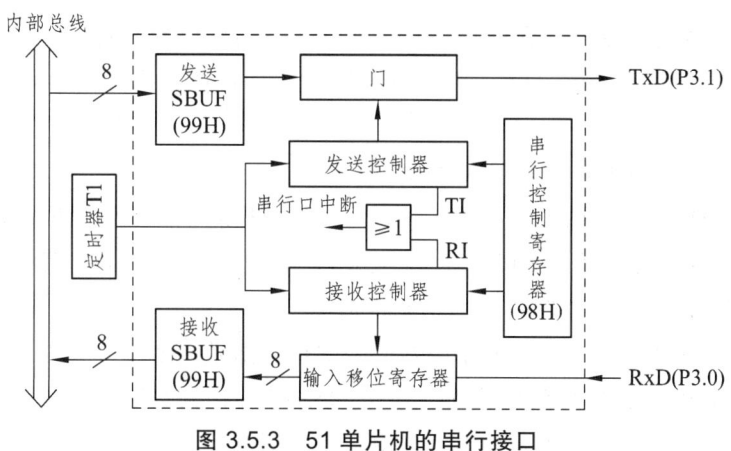

图 3.5.3 51 单片机的串行接口

SBUF 是两个在物理上独立的接收、发送寄存器,一个用于存放接收到的数据,另一个用于存放待发送的数据,可同时发送和接收数据。两个缓冲器共用一个地址 99H,通过对 SBUF 的读、写语句来区别是对接收缓冲器还是发送缓冲器进行操作。CPU 在写 SBUF 时,操作的是发送缓冲器;读 SBUF 时,就是读接收缓冲器的内容。

```
SBUF=send[i];      //发送第 i 个数据
buffer[i]=SBUF;    //接收数据
```

六、串行口控制寄存器 SCON

SCON 的格式如图 3.5.4 所示。

SCON　(98H)

| SM0 | SM1 | SM2 | REN | TB8 | RB8 | TI | RI |

图 3.5.4　SCON 的格式

SM0、SM1:用于设置串行口的工作方式,如表 3.5.1 所示。

表 3.5.1　串行口的工作方式

SM0	SM1	工作方式	功　能	波特率
0	0	方式 0	8 位同步移位寄存器	$f_{osc}/12$
0	1	方式 1	10 位 UART	可变
1	0	方式 2	11 位 UART	$f_{osc}/64$ 或 $f_{osc}/32$
1	1	方式 3	11 位 UART	可变

SM2:多机通信控制位,用于方式 2 和方式 3 中。

REN:允许串行接收位,由软件置位或清零。REN=1 时,允许接收;REN=0 时,禁止接收。

TB8：发送数据的第 9 位。在方式 2 和方式 3 中，由软件置位或复位。一般可用作奇偶校验位。在多机通信中，可作为区别地址帧或数据帧的标识位，一般约定地址帧时 TB8 为 1，数据帧时 TB8 为 0。

RB8：接收数据的第 9 位。功能同 TB8。

TI：发送中断标志位。在方式 0 中，发送完 8 位数据后，由硬件置位；在其他方式中，在发送停止位之初由硬件置位。因此，TI=1 是发送完一帧数据的标志，其状态既可供软件查询使用，也可用于请求中断。TI 位必须由软件清零。

RI：接收中断标志位。在方式 0 中，接收完 8 位数据后，由硬件置位；在其他方式中，当接收到停止位时该位由硬件置 1。因此，RI=1 是接收完一帧数据的标志，其状态既可供软件查询使用，也可用于请求中断。RI 位也必须由软件清零。

七、电源及波特率选择寄存器 PCON

PCON 主要是为 CHMOS 型单片机的电源控制而设置的专用寄存器，字节地址为 87H，不可以位寻址。在 HMOS 的 AT89C51 单片机中，PCON 除了最高位以外其他位都是虚设的。

PCON 的格式如图 3.5.5 所示。与串行通信有关的只有 SMOD 位。SMOD 为波特率选择位。在方式 1、2 和 3 时，串行通信的波特率与 SMOD 有关：当 SMOD=1 时，通信波特率乘 2；当 SMOD=0 时，波特率不变。

图 3.5.5　PCON 的格式

任务实施

（1）搭建仿真电路图。本任务使用 P1 口控制 LED 和按键的数据输入端，用 P3 口的第二功能进行串口传输。

（2）建立工程 3-5-1，把甲机程序代码放到 Keil 编译软件工具中，生成 HEX 文件。建立工程 3-5-2，把乙机程序代码放到 Keil 编译软件工具中，生成 HEX 文件。将两个 HEX 文件分别加载到仿真电路图对应的控制器中，观察显示效果。

```
/* 甲机发送程序*/
#include <reg51.h>
#define uchar unsigned char
#define uint unsigned int
sbit LED1=P0^0;
sbit LED2=P0^3;
```

```c
sbit K1=P1^0;
//延时
void DelayMS(uint ms)
  {
    uchar i;
    while(ms--) for(i=0;i<120;i++);
  }
//向串口发送字符
void Putc_to_SerialPort(uchar c)
  {
    SBUF=c;
    while(TI==0);
    TI=0;
  }
//主程序
void main()
  {
    uchar Operation_No=0;
    SCON=0x40; //串口模式1
    TMOD=0x20; //T1工作模式2
    PCON=0x00; //波特率不倍增
    TH1=0xfd;
    TL1=0xfd;
    TI=0;
    TR1=1;
    while(1)
      {
        if(K1==0) //按下K1时选择操作代码0，1，2，3
          {
            while(K1==0);
            Operation_No=(Operation_No+1)%4;
          }
        switch(Operation_No) //根据操作代码发送A/B/C或停止发送
          {
            case 0: LED1=LED2=1;
            break;
```

```c
            case 1: Putc_to_SerialPort('A');
                LED1=~LED1;LED2=1;
                break;
            case 2: Putc_to_SerialPort('B');
                LED2=~LED2;LED1=1;
                break;
            case 3: Putc_to_SerialPort('C');
                LED1=~LED1;LED2=LED1;
                break;
        }
        DelayMS(100);
    }
}
/* 名称：乙机接收程序*/
#include <reg51.h>
#define uchar unsigned char
#define uint unsigned int
sbit LED1=P0^0;
sbit LED2=P0^3;
//延时
void DelayMS(uint ms)
{
    uchar i;
    while(ms--) for(i=0;i<120;i++);
}
//主程序
void main()
{
    SCON=0x50; //串口模式1，允许接收
    TMOD=0x20; //T1 工作模式 2
    PCON=0x00; //波特率不倍增
    TH1=0xfd; //波特率 9600
    TL1=0xfd;
    RI=0;
    TR1=1;
    LED1=LED2=1;
```

```
       while(1)
         {
           if(RI)  //如收到则 LED 闪烁
             {
               RI=0;
               switch(SBUF)  //根据所收到的不同命令字符完成不同动作
                 {
                   case 'A': LED1=~LED1;LED2=1;break;  //LED1 闪烁
                   case 'B': LED2=~LED2;LED1=1;break;  //LED2 闪烁
                   case 'C': LED1=~LED1;LED2=LED1;  //双闪烁
                 }
             }
           else LED1=LED2=1;  //关闭 LED
           DelayMS(100);
         }
     }
```

任务评价

	评价指标	分值	学生互评（40%）	老师评估（60%）	任务总评
任务内容	串口基本知识	20			
	电路图设计	20			
	程序设计	20			
	综合调试效果	20			
现场管理	出勤情况	5			
	实验室纪律	5			
	团队协作精神	5			
	保持实验室卫生	5			

任务练习

（1）利用工程 3-5-1 和 3-5-2，修改程序代码，实现从甲机发送字符串"457219"到乙机，用六位数码管显示。

（2）仿真成功后，将代码下载到实验箱继续调试。

知识拓展

一、51 系列单片机串行口的工作方式 0

在方式 0 下,串行口作同步移位寄存器使用,其波特率固定为 $f_{osc}/12$。串行数据从 RxD (P3.0) 端输入或输出,同步移位脉冲由 TxD (P3.1) 送出。

这种方式通常用于扩展 I/O 口。

二、51 系列单片机串行口的工作方式 1

发送时,当数据写入发送缓冲器 SBUF 后,启动发送器发送,数据从 TxD 输出。当发送完一帧数据后,置中断标志 TI 为 1。方式 1 下的波特率取决于定时器 1 的溢出率和 PCON 中的 SMOD 位。

接收时,REN 置 1,允许接收,串行口采样 RxD,当采样值由 1 到 0 跳变时,确认是起始位"0",开始接收一帧数据。当 RI=0,且停止位为 1 或 SM2=0 时,停止位进入 RB8 位,同时置中断标志 RI;否则信息将丢失。所以,采用方式 1 接收时,应先用软件清除 RI 或 SM2 标志。

三、51 系列单片机串行口的工作方式 2

发送时,先根据通信协议由软件设置 TB8,然后将要发送的数据写入 SBUF,启动发送。写 SBUF 的语句,除了将 8 位数据送入 SBUF 外,同时还将 TB8 装入发送移位寄存器的第 9 位,并通知发送控制器进行一次发送,一帧信息即从 TxD 发送。在送完一帧信息后,TI 被自动置 1,在发送下一帧信息之前,TI 必须在中断服务程序或查询程序中清零。

当 REN=1 时,允许串行口接收数据。当接收器采样到 RxD 端的负跳变,并判断起始位有效后,数据由 RxD 端输入,开始接收一帧信息。当接收器接收到第 9 位数据后,若同时满足以下两个条件:RI=0 和 SM2=0 或接收到的第 9 位数据为 1,则接收数据有效,将 8 位数据送入 SBUF,第 9 位送入 RB8,并置 RI=1。若不满足上述两个条件,则信息丢失。

四、51 系列单片机串行口的工作方式 3

方式 3 为波特率可变的 11 位 UART 通信方式,除了波特率可变以外,方式 3 和方式 2 完全相同。

任务思考

一、设计题

在银行业务系统中,为了提高柜员的登录和授权操作中的安全性,应用了动态口令系统。我们通过单片机的双机通信可模拟动态密码的获取。假设甲机中存放的动态口令是03158796,甲机发送动态口令给乙机,乙机接收到数据以后在8个数码管上显示接收数据。根据要求编写代码,设计仿真图,并验证效果。

二、思考题

(1) 串行数据传输速度的指标是什么?
(2) 当串行口工作在方式0时,串行数据从哪个接口输入和输出?
(3) SCON 是串行口的什么寄存器?
(4) 当采用中断方式进行串行数据的发送时,发送完一帧数据后,TI 标志是什么?

三、技能提高

任务 1:独立设计一段代码,实现工程 3-5-1 和 3-5-2 中的甲机和乙机的功能互换。
评价要点:流程图绘制、硬件电路原理图修改、软件程序修改、软硬件联调、实物连接。
任务 2:查阅详细的技术资料,实现单片机双向传输数据。
评价要点:硬件电路原理图修改、软件程序修改、软硬件联调、实物连接。

任务六 单片机之间双向通信

任务目标

通过甲机使用串口方式发送和接收控制命令字符的设计与仿真演示,掌握单片机利用串口中断进行双向数据传输的设计方法,综合、灵活运用 C 语言进行编程。

任务要求

采用图 3.6.1 所示仿真电路,根据任务资讯,建立工程 3-6-1,编写代码实现甲机向乙机发送控制命令字符,同时甲机接收乙机发送的数字,并显示在数码管上;建立工程 3-6-2,编写代码实现乙机接收到甲机发送的信号后,根据相应信号控制 LED 完成不同闪烁动作的效果。

仿真电路图

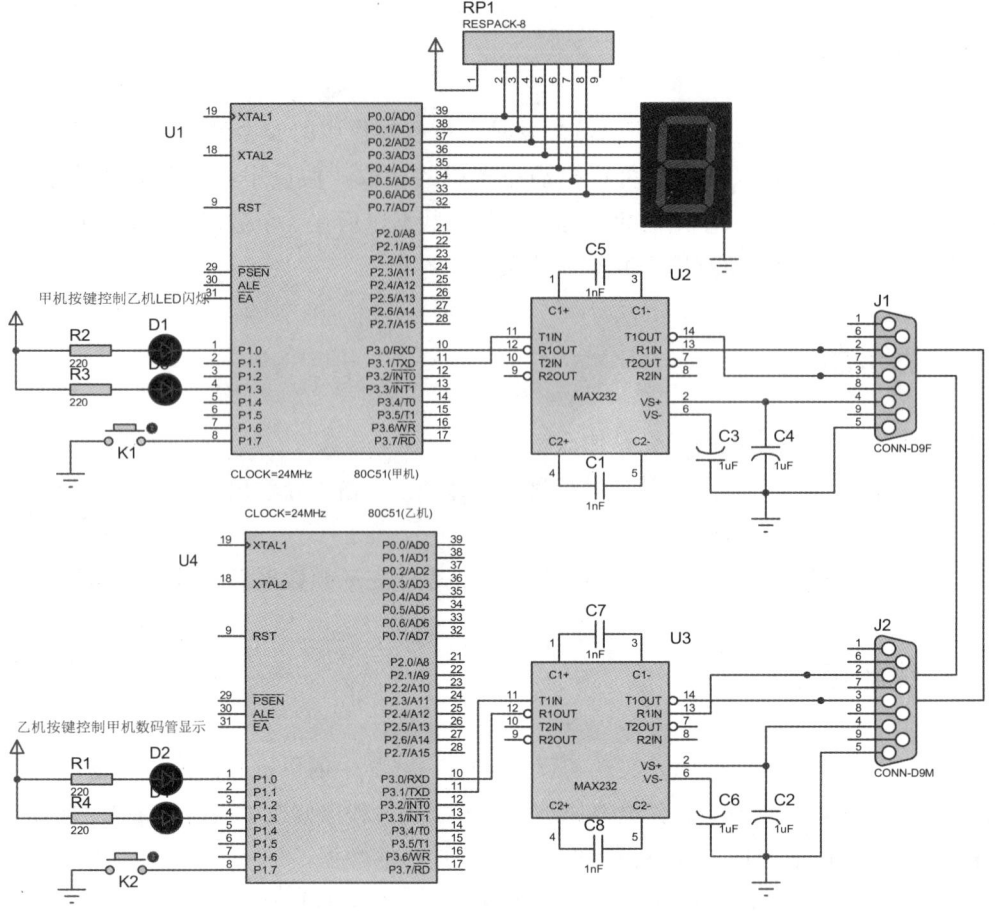

图 3.6.1　仿真电路图

任务资讯

一、串行通信的分类

（1）异步通信（Asynchronous Data Communication，ASYNC）：按帧格式传送，信息量不大；1 个起始位，为 0；5~8 个数据位；含奇偶校验位；1~2 个停止位，为 0。

（2）同步通信（Synchronous Data Communication，SYNC）：严格同步，发送同步字符，数据连续，信息量大，速度较高。

二、串行通信的基本特征

串行通信的基本特征是数据逐位、顺序进行传送。

根据串行通信的格式及约定（如同步方式、通信速率、数据块格式、信号电平等）不同，形成了多种串行通信的协议与接口标准。常见的有：

（1）通用异步收发器（UART），即本课程介绍的串口。
（2）通用串行总线（USB）。
（3）I^2C 总线。
（4）CAN 总线。
（5）SPI 总线。
（6）RS-485，RS-232C，RS-422A 标准等。

任务实施

（1）搭建仿真电路图。本任务使用 P1 口控制 LED 和按键的数据输入端，用 P3 口的第二功能进行串口传输。

（2）建立工程 3-6-1，把甲机程序代码放到 Keil 编译软件工具中，生成 HEX 文件；建立工程 3-6-2，把乙机程序代码放到 Keil 编译软件工具中，生成 HEX 文件。将两个 HEX 文件分别加载到仿真电路图对应的控制器中，观察显示效果。

```c
/*名称：甲机串口程序*/
#include<reg51.h>
#define uchar unsigned char
#define uint unsigned int
sbit LED1=P1^0;
sbit LED2=P1^3;
sbit K1=P1^7;
uchar Operation_No=0;  //操作代码
//数码管代码
uchar code DSY_CODE[]=
    {0x3f,0x06,0x5b,0x4f,0x66,0x6d,0x7d,0x07,0x7f,0x6f};
//延时
void DelayMS(uint ms)
    {
      uchar i;
      while(ms--) for(i=0;i<120;i++);
    }
//向串口发送字符
void Putc_to_SerialPort(uchar c)
    {
```

```c
    SBUF=c;
    while(TI==0);
    TI=0;
 }
//主程序
void main()
  {
    LED1=LED2=1;
    P0=0x00;
    SCON=0x50; //串口模式1，允许接收
    TMOD=0x20; //T1 工作模式2
    PCON=0x00; //波特率不倍增
    TH1=0xfd;
    TL1=0xfd;
    TI=RI=0;
    TR1=1;
    IE=0x90; //允许串口中断
    while(1)
       {
          DelayMS(100);
          If(K1==0) //按下K1时选择操作代码0，1，2，3
             {
                while(K1==0);
                Operation_No=(Operation_No+1)%4;
                switch(Operation_No) //根据操作代码发送A/B/C或停止发送
                   {
                       case 0: Putc_to_SerialPort('X');
                       LED1=LED2=1;
                       break;
                       case 1: Putc_to_SerialPort('A');
                       LED1=~LED1;LED2=1;
                       break;
                       case 2: Putc_to_SerialPort('B');
```

```c
                    LED2=~LED2;LED1=1;
                    break;
                case 3: Putc_to_SerialPort('C');
                    LED1=~LED1;LED2=LED1;
                    break;
            }
        }
    }
}
//甲机串口接收中断函数
void Serial_INT() interrupt 4
{
    if(RI)
    {
        RI=0;
        if(SBUF>=0&&SBUF<=9) P0=DSY_CODE[SBUF];
        else P0=0x00;
    }
}


        /* 名称：乙机接收程序*/
#include <reg51.h>
#define uchar unsigned char
#define uint unsigned int
sbit LED1=P1^0;
sbit LED2=P1^3;
sbit K2=P1^7;
uchar NumX=-1;
//延时
void DelayMS(uint ms)
{
    uchar i;
    while(ms--) for(i=0;i<120;i++);
```

```c
    }
//主程序
void main()
  {
    LED1=LED2=1;
    SCON=0x50; //串口模式1，允许接收
    TMOD=0x20; //T1工作模式2
    TH1=0xfd; //波特率为9600
    TL1=0xfd;
    PCON=0x00; //波特率不倍增
    RI=TI=0;
    TR1=1;
    IE=0x90;
    while(1)
      {
        DelayMS(100);
        if(K2==0)
          {
            while(K2==0);
            NumX=++NumX%11; //产生0~10的数字，其中10表示关闭
            SBUF=NumX;
            while(TI==0);
            TI=0;
          }
      }
  }
void Serial_INT() interrupt 4
  {
    if(RI) //如收到则LED动作
      {
        RI=0;
        switch(SBUF) //根据所收到的不同命令字符完成不同动作
          {
```

```
            case 'X': LED1=LED2=1;break;  //全灭
            case 'A': LED1=0;LED2=1;break;  //LED1 亮
            case 'B': LED2=0;LED1=1;break;  //LED2 亮
            case 'C': LED1=LED2=0;  //全亮
        }
    }
}
```

任务评价

	评价指标	分值	学生互评（40%）	老师评估（60%）	任务总评
任务内容	串口基本知识	20			
	电路图设计	20			
	程序设计	20			
	综合调试效果	20			
现场管理	出勤情况	5			
	实验室纪律	5			
	团队协作精神	5			
	保持实验室卫生	5			

任务练习

（1）利用工程 3-6-1 和 3-6-2，修改程序代码，实现从甲机发送字符串"457219"到乙机，并在六位数码管上显示，同时乙机发送字符串"129863"到甲机，并在六位数码管上显示。

（2）仿真成功后，将代码下载到实验箱继续调试。

知识拓展

一、C51 系列单片机串行口的波特率

1. 方式 0 和方式 2

在方式 0 中，波特率为时钟频率的 1/12，即 $f_{osc}/12$，固定不变。

在方式 2 中，波特率取决于 PCON 中的 SMOD 值：当 SMOD=0 时，波特率为 $f_{osc}/64$；当 SMOD=1 时，波特率为 $f_{osc}/32$。即波特率 $=\dfrac{2^{SMOD}}{64} \cdot f_{osc}$。

2. 方式 1 和方式 3

在方式 1 和方式 3 下,波特率由定时器 T1 的溢出率和 SMOD 共同决定,即:方式 1 和方式 3 的波特率=$\frac{2^{SMOD}}{32}$× 定时器 1 的溢出率。其中,定时器 1 的溢出率取决于单片机定时器 1 的计数速率和定时器的预置值。计数速率与 TMOD 寄存器中的 $\overline{C}$ 位有关,当 $\overline{C}$=0 时,计数速率为 f_{osc}/12,当 $\overline{C}$=1 时,计数速率为外部输入时钟频率。

二、RS-232C 串行通信总线标准及其接口

RS-232C 的电气标准采用负逻辑,即逻辑"0"——+5~+15 V,逻辑"1"—— –5~–15 V。

因此,RS-232C 不能和 TTL 电平直接相连,否则将使 TTL 电路烧坏,在实际应用时必须注意。RS-232C 和 TTL 电平之间必须进行电平转换,常用的电平转换集成电路为 MAX232。

RS-232C 标准总线为 25 根,可采用标准的 DB-25 和 DB-9 的 D 型插头。目前计算机上只保留了两个 DB-9 插头,作为提供多功能 I/O 卡或主板上 COM1 和 COM2 两个串行接口的连接器。

三、多个 C51 单片机通信

多机通信步骤如下:
(1)主机 SM2 = 0,所有从机的 SM2 = 1,以便接收主机发来的地址。
(2)主机发送地址,其中 D8 = 1。
(3)所有从机接收主机发来的地址,进入中断服务程序,并和本机地址比较,确认是否是被寻址从机。
(4)被寻址从机清除 SM2,以便接收数据,并向主机发回从机地址,供主机核对。其他从机保持 SM2 = 1,并退出中断服务程序。
(5)数据通信完毕,被寻址从机 SM2 = 1,退出中断服务程序,等待下次通信。

任务思考

一、设计题

以下程序用于实现报警与旋转灯的功能,仿真电路图如图 3.6.2 所示,请根据功能要求补全缺失代码。

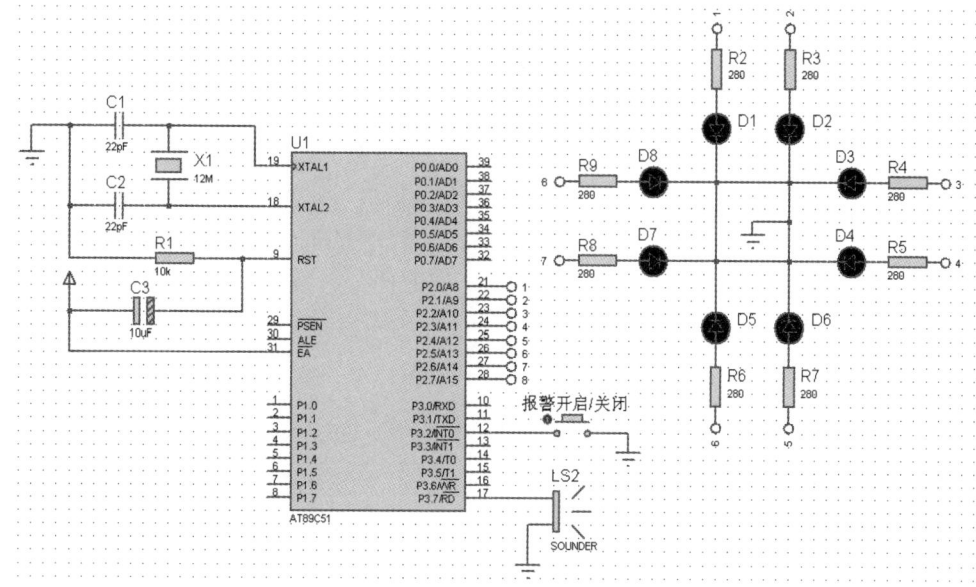

图 3.6.2 仿真电路图

```
/*说明：定时器控制报警灯旋转显示，并发出仿真警报声。*/
#include<reg51.h>
#include<intrins.h>

#define uchar unsigned char
#define uint unsigned int
sbit SPK=P3^7;
uchar FRQ=0x00;
//延时
void DelayMS(uint ms)
  {
    uchar i;
    while(ms--) for(i=0;i<120;i++);
  }
//INT0 中断函数
void EX0_INT() interrupt 0
  {
    TR0=_____; //开启或停止两定时器，分别控制报警器的声音和 LED 旋转
    TR1=_____;
    if(P2==0x00)
      P2=0xe0; //开 3 个旋转灯
```

```
       else
         P2=_____;  //关闭所有 LED
    }
//定时器 0 中断
void T0_INT() interrupt 1
    {
       TH0=0xfe;
       TL0=FRQ;
       SPK=~SPK;
    }
//定时器 1 中断
void T1_INT() interrupt 3
    {
       TH1=-45000/256;
       TL1=-45000%256;
       P2=_crol_(P2,1);
    }
//主程序
void main()
    {
       P2=0x00;
       SPK=0x00;
       TMOD=_____;  //T0、T1 方式 1
       TH0=0x00;
       TL0=0xff;
       IT0=1;
       IE=_____;  //开启 0，1，3 号中断
       IP=0x01;  //INT0 设为最高优先级
       TR0=0;
       TR1=0;  //定时器启停由 INT0 控制，初始关闭
       while(1)
          {
             FRQ++;
             DelayMS(1);
          }
    }
```

二、思考题

（1）当采用定时器1作为串行口波特率发生器时，定时器通常选用哪种工作方式？
（2）当设置串行口为工作方式2时，采用的指令是什么？
（3）串行口的数据发送端和数据接收端各是什么？
（4）什么是串行异步通信？有哪几种帧格式？

三、技能提高

任务1：独立设计一段代码，实现工程3-6-1和3-6-2中的甲机和乙机的功能互换。
评价要点：流程图绘制、硬件电路原理图修改、软件程序修改、软硬件联调、实物连接。
任务2：查阅详细的技术资料，学习单片机与PC通信。修改电路连接和程序代码，实现单片机可接收PC发送的数字字符，且按下单片机的按键后，单片机可向PC发送字符串。
评价要点：硬件电路原理图修改、软件程序修改、软硬件联调、实物连接。

项目四
硬件应用设计实训

本项目通过五个任务让学生学会利用 AT89C51 单片机及 74LS138、74HC595、74LS148、ADC0808、CD4511,通过 C 语言程序完成单片机输入/输出控制系统的设计、运行及调试。本项目中将单片机与外部芯片联合使用,可以简化程序设计,但增加了硬件设计难度。

【知识目标】

(1)了解 74LS138、74HC595、74LS148、ADC0808、CD4511 的内部结构;
(2)掌握 74LS138、74HC595、74LS148、ADC0808、CD4511 的工作原理;
(3)掌握 74ALS138 和 74HC595 芯片的特性和使用方法;
(4)掌握 I^2C 通信原理。

【技能目标】

(1)了解 74LS138、74HC595、74LS148、ADC0808、CD4511 的特性和使用方法;
(2)学会 74LS138、74HC595、74LS148、ADC0808、CD4511 应用电路的设计;
(3)学会 74LS138、74HC595、74LS148、ADC0808、CD4511 的程序设计。

【情感目标】

(1)培养学生谦虚、好学的态度,能利用各种媒体获取新知识、新技术;
(2)培养学生勤于思考、做事认真的良好作风,能立足专业规划自己未来的职业生涯;
(3)培养学生分析问题、解决问题的能力。

任务一 74LS138 译码器的应用

任务目标

掌握 74LS138 译码器的应用方法。

任务要求

（1）完成仿真电路的搭建；
（2）根据任务资讯，建立工程 4-1-1，编写代码实现利用 74LS138 译码器控制 8 个 LED。

仿真电路图

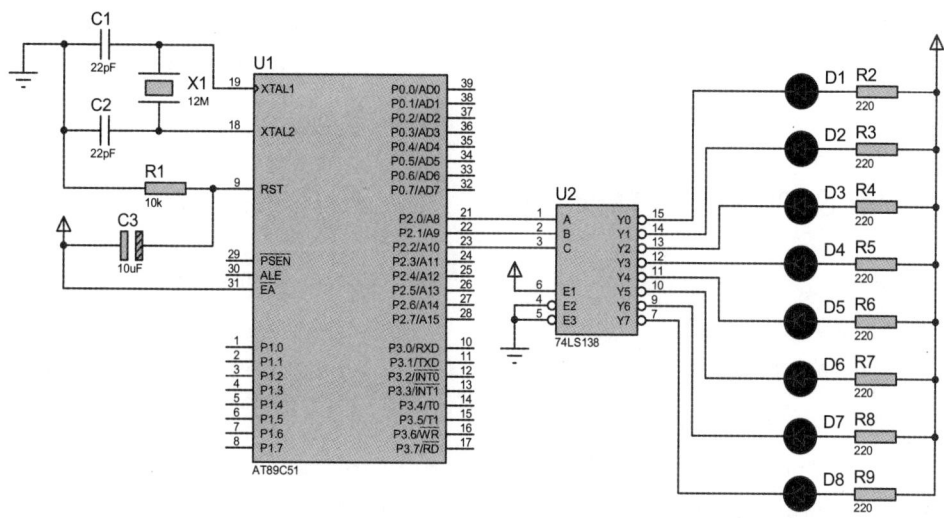

图 4.1.1　仿真电路图

任务资讯

一、译码器

译码是编码的逆过程，是将编码时赋予代码的特定含义"翻译"出来，如图 4.1.2 所示。

图 4.1.2　编码与译码过程

译码器即实现译码功能的电路。
常用的译码器有二进制译码器、二-十进制译码器和显示译码器等。

二、二进制译码器

输入：二进制代码（N 位）。
输出：2^N 个，每个输出仅包含一个最小项。

如图 4.1.3 所示，输入是 3 位二进制代码，有 8 种状态，8 个输出端分别对应其中 1 种输入状态。因此，又把 3 位二进制译码器称为 3 线-8 线译码器。

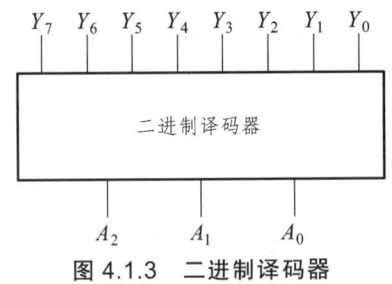

图 4.1.3 二进制译码器

三、74LS138 的逻辑功能

74LS138 有 3 个译码输入端（又称地址输入端）$A_0 \sim A_2$，8 个译码输出端 $Y_0 \sim Y_7$，以及三个控制端（又称使能端）S_1、S_2、S_3。

S_1、S_2、S_3 是译码器的控制输入端，当 $S_1=1$、$S_2+S_3=0$（即 $S_1=1$，S_2 和 S_3 均为 0）时，GS 输出为高电平，译码器处于工作状态。否则，译码器被禁止，所有的输出端被封锁在高电平。

当译码器处于工作状态时，每输入一个二进制代码将使对应的一个输出端为低电平，而其他输出端均为高电平，也可以说对应的输出端被"译中"。

74LS138 输出端被"译中"时为低电平，所以其逻辑符号中每个输出端 $Y_0 \sim Y_7$ 上方均有"—"符号。

四、二-十进制译码器

二-十进制译码器的逻辑功能是将输入的 BCD 码译成 10 个输出信号，如图 4.1.4 所示。

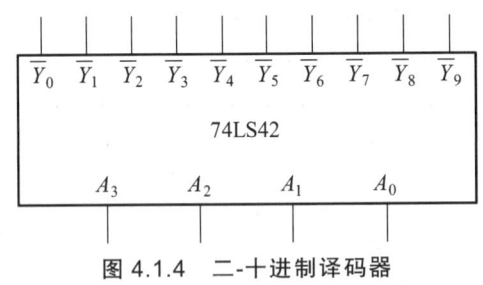

图 4.1.4 二-十进制译码器

任务实施

（1）搭建仿真电路图。本任务使用 P2 口的前三位连接 74LS138，74LS138 的输出端连接 8 个 LED。

（2）建立工程 4-1-1，把以下程序代码放到 Keil 编译软件工具中，生成 HEX 文件，加载到仿真电路图中，观察显示效果。

```
#include"reg51.h"
#define uint unsigned int
delay(uint t)
   {
     while(t--);
   }
main()
   {
     uint i,abs[8]={0,1,2,3,4,5,6,7};
     for(i=0;i<8;i++)
       {
         P2=abs[i];
         delay(10000);
       }
   }
```

任务评价

	评价指标	分值	学生互评（40%）	老师评估（60%）	任务总评
任务内容	74LS138 基本知识	20			
	电路图设计	20			
	程序代码编写	20			
	综合调试	20			
现场管理	出勤情况	5			
	课程纪律	5			
	团队协作精神	5			
	保持实验室卫生	5			

任务练习

（1）要控制流水灯的亮灭，实现一次快、一次慢，应该如何修改程序。
（2）仿真成功后，将代码下载到实验箱继续调试。

知识拓展

一、74LS138 的功能表

3 线-8 线译码器 74LS138 为一种常用的地址译码器芯片。S_1、S_2、S_3 为 3 个控制端，只有当 S_1 为 "1" 且 S_2、S_3 均为 "0" 时，译码器才能进行译码输出；否则，译码器的 8 个输出端全为高阻状态。译码输入端与输出端的逻辑关系如表 4.1.1 所示。

表 4.1.1 74LS138 的输入输出关系

输入					输出							
S_1	$\overline{S}_2+\overline{S}_3$	A_2	A_1	A_0	$\overline{Y}_0$	$\overline{Y}_1$	$\overline{Y}_2$	$\overline{Y}_3$	$\overline{Y}_4$	$\overline{Y}_5$	$\overline{Y}_6$	$\overline{Y}_7$
×	1	×	×	×	1	1	1	1	1	1	1	1
0	×	×	×	×	1	1	1	1	1	1	1	1
1	0	0	0	0	0	1	1	1	1	1	1	1
1	0	0	0	1	1	0	1	1	1	1	1	1
1	0	0	1	0	1	1	0	1	1	1	1	1
1	0	0	1	1	1	1	1	0	1	1	1	1
1	0	1	0	0	1	1	1	1	0	1	1	1
1	0	1	0	1	1	1	1	1	1	0	1	1
1	0	1	1	0	1	1	1	1	1	1	0	1
1	0	1	1	1	1	1	1	1	1	1	1	0

二、二-十进制译码器 74LS42 的功能表

74LS42 输入端与输出端的逻辑关系如表 4.1.2 所示。

表 4.1.2 74LS42 的输入输出关系

A_3	A_2	A_1	A_0	$\overline{Y}_0$	$\overline{Y}_1$	$\overline{Y}_2$	$\overline{Y}_3$	$\overline{Y}_4$	$\overline{Y}_5$	$\overline{Y}_6$	$\overline{Y}_7$
0	0	0	0	0	1	1	1	1	1	1	1
0	0	0	1	1	0	1	1	1	1	1	1
0	0	1	0	1	1	0	1	1	1	1	1
0	0	1	1	1	1	1	0	1	1	1	1
0	1	0	0	1	1	1	1	0	1	1	1
0	1	0	1	1	1	1	1	1	0	1	1
0	1	1	0	1	1	1	1	1	1	0	1
0	1	1	1	1	1	1	1	1	1	1	0
1	0	0	0	1	1	1	1	1	1	1	1
1	0	0	1	1	1	1	1	1	1	1	1
1	0	1	0	1	1	1	1	1	1	1	1
1	0	1	1	1	1	1	1	1	1	1	1
1	1	0	0	1	1	1	1	1	1	1	1
1	1	0	1	1	1	1	1	1	1	1	1
1	1	1	0	1	1	1	1	1	1	1	1
1	1	1	1	1	1	1	1	1	1	1	1

任务思考

一、程序填空题

根据题目要求,完成程序代码。

/* 名称:74HC154 译码器的应用*/

说明:74HC154 是 4-16 译码器,本例利用 P2 口输出 4 位二进制数,经译码后使相应的 LED 被点亮,形成滚动显示效果。

```
#include<reg51.h>
#define uchar unsigned char
#define uint unsigned int
//延时
void DelayMS(_____)
  {
    uchar i;
    while(ms--) for(i=0;i<40;i++);
  }
//主程序
void main()
  {
    while(1)
      {
        P2=_____; //P2 口低 4 位在 0~15 取值,使 154 译码器输入 4 位为
                         //0000~1111
        DelayMS(500); //经译码器输出 0~15 中对应引脚输出 0,LED 点亮
      }
  }
```

二、思考题

(1)全班有 55 名同学,需几位二进制代码才能表示学生人数?
(2)为什么要用优先编码器?

三、技能提高

任务 1:在仿真电路图的基础上,修改设计方案,在 74LS138 的输出端接一个数码管,观察显示效果。

评价要点：流程图绘制、硬件电路原理图修改、软件程序修改、软硬件联调、实物连接。

任务 2：利用仿真电路图，在 P2 口连接两个 74LS138，修改电路连接和程序代码，控制 16 个 LED 闪烁。

评价要点：硬件电路原理图修改、软件程序修改、软硬件联调、实物连接。

任务二　74HC595 串入并出芯片的应用

任务目标

熟练掌握 74HC595 串入并出芯片的应用。

任务要求

（1）在 Proteus 中完成仿真电路的搭建；

（2）建立工程 4-2-1，根据任务资讯，在 Keil 上编写代码应用 74HC595 串入并出芯片实现数码管显示效果。

仿真电路图

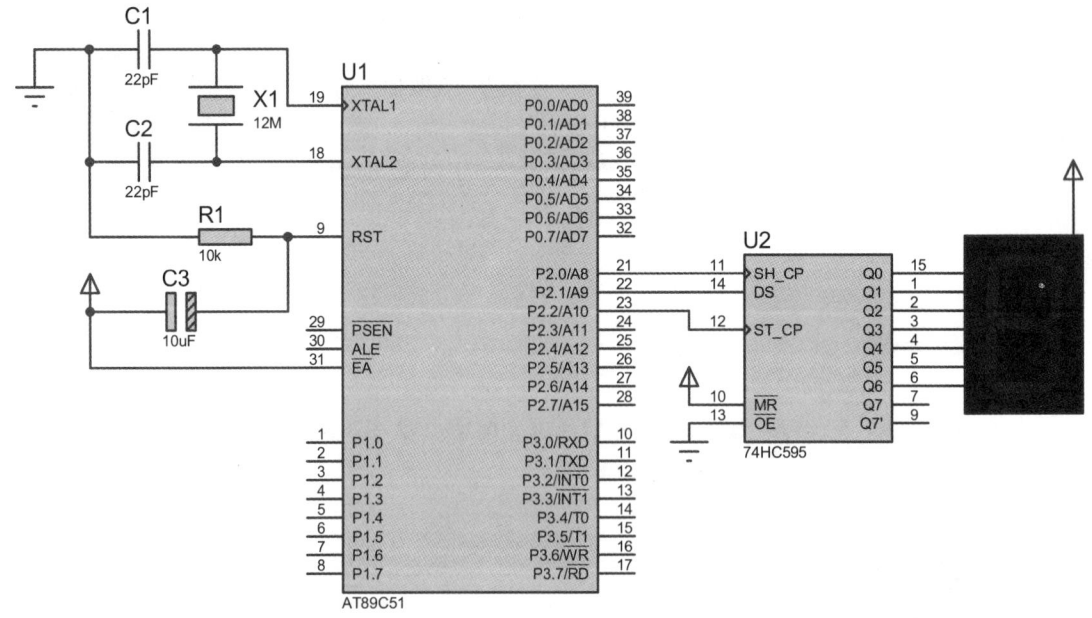

图 4.2.1　仿真电路图

任务资讯

74HC595 是 8 位串行输入/输出或者并行输出移位寄存器。工程上常用其将串行输入的 8 位数字,转变为并行输出的 8 位数字。例如,MCU 驱动一个 8 位数码管来实现数码管的静态显示(非扫描方式)。

74HC595 是硅结构的 CMOS 器件,兼容低电压 TTL 电路,遵守 JEDEC 标准。74HC595 具有 8 位移位寄存器和 1 个存储寄存器,具备三态输出功能。

移位寄存器和存储寄存器采用独立的时钟。数据在 SH_CP 的上升沿输入到移位寄存器中,在 ST_CP 的上升沿输入到存储寄存器中去。如果两个时钟连在一起,则移位寄存器总是比存储寄存器早一个脉冲。移位寄存器有一个串行移位输入(DS)端,一个串行输出端(Q7)和一个异步的低电平复位端;存储寄存器有一个并行 8 位的、具备三态的总线输出端,当使能 $\overline{OE}$ 时(为低电平),存储寄存器的数据输出到总线。

74HC595 的管脚排列如图 4.2.2 所示,各引脚功能描述如表 4.2.1 所示。

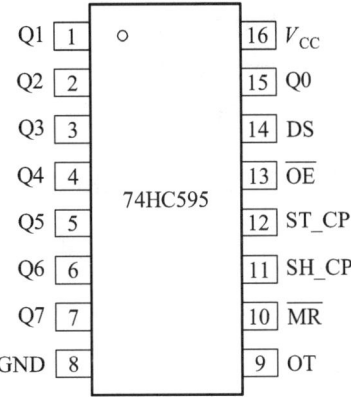

图 4.2.2 74HC595 的管脚排列

表 4.2.1 74HC595 引脚功能描述

符 号	引 脚	描 述
Q0~Q7	Q0 为第 15 脚,Q1~Q7 为第 1~7 脚	8 位并行数据输出
GND	第 8 脚	地
Q7′	第 9 脚	串行数据输出
$\overline{MR}$	第 10 脚	主复位(低电平)
SH_CP	第 11 脚	移位寄存器时钟输入
ST_CP	第 12 脚	存储寄存器时钟输入
$\overline{OE}$	第 13 脚	输出有效(低电平)
DS	第 14 脚	串行数据输入
V_{CC}	第 16 脚	电源

74HC595 的真值表如表 4.2.2 所示。

表 4.2.2　74HC595 的真值表

输　入					输　出		功　能
SH_CP	ST_CP	$\overline{OE}$	$\overline{MR}$	DS	Q7′	Qn	
×	×	L	L	×	L	NC	$\overline{MR}$ 为低电平时仅仅影响移位寄存器
×	↑	L	L	×	L	L	清空移位寄存器到输出寄存器
×	×	H	L	×	L	Z	清空移位寄存器，并行输出为高阻状态
↑	×	L	H	H	Q6	NC	逻辑高电平移入移位寄存器时状态为 0，包含所有的移位寄存器状态移入
×	↑	L	H	×	NC	Qn′	移位寄存器的内容到达保持寄存器并从并口输出
↑	↑	L	H	×	Q6′	Qn′	移位寄存器内容移入，先前的移位寄存器的内容到达保持寄存器并行输出

任务实施

（1）搭建仿真电路图。本任务使用 P2 口连接 74HC595 芯片，74HC595 芯片连接一个数码管。

（2）把以下程序代码放到 Keil 编译软件工具中，生成 HEX 文件，加载到仿真电路图中，观察显示效果。

```
#include <reg51.h>
#define uchar unsigned char
#define uint unsigned int
sbit SER=P2^1;
sbit CLR=P2^2;
sbit SCLR=P2^0;
HC595(uint da)
  {
    uint i;
    uint gbit=0x80;
    CLR=0;
    SCLR=0;
      for(i=0;i<8;i++)
        {
          if(da&gbit)
            SER=1;
          else
```

```
            SER=0;
            SCLR=1;
            gbit>>=1;
            SCLR=0;
        }
    CLR=1;
}
delay(uint t)
{
    while(t--);
}
main()
{
    uint i,abs[10]=
        {0xc0,0xf9,0xa4,0xb0,0x99,0x92,0x82,0xf8,0x80,0x90};
    while(1)
        {
            for(i=0;i<10;i++)
                {
                    HC595(abs[i]);
                    delay(40000);
                }
        }
}
```

任务评价

	评价指标	分值	学生互评（40%）	老师评估（60%）	任务总评
任务内容	74HC595系统知识	20			
	电路图认知	20			
	任务程序设计	20			
	任务完成效果	20			
现场管理	出勤情况	5			
	实验纪律	5			
	团队协作精神	5			
	保持实验室卫生	5			

任务练习

（1）修改电路与程序，使用 2 个 74HC595 驱动 2 位数码管，实现 0～99 计数显示。
（2）仿真成功后，将代码下载到实验箱继续调试。

知识拓展

一、74HC595 实现 LED 静、动态显示的基本原理

1. 静态显示

每位 LED 显示器段选线和 74HC595 的并行输出端相连，每一位可以独立显示。在同一时间里，每一位显示的字符可以各不相同（每一位由一个 74HC595 的并行输出口控制段选码）。

N 位 LED 显示要求 N 个 74HC595 芯片及 $N+3$ 条 I/O 口线，占用资源较多，而且成本较高。这对于多位 LED 显示很不利。

2. 动态显示

在多位 LED 显示时，为了简化电路，降低成本，节省系统资源，将所有的 N 位段选并联在一起，由一片 74HC595 控制。由于所有 LED 的段选码皆由一个 74HC595 并行输出口控制，因此，在每一瞬间，N 位 LED 会显示相同的字符。想要每位显示不同的字符，就必须采用扫描的方法，即在每一瞬间只使用一位显示字符。在此瞬间，74HC595 并行输出口输出相应字符段选码，而位选码则控制 I/O 口在该显示位送入选通电平，以保证该位显示相应字符。如此轮流，使每位分时显示该位应显示的字符。由于 74HC595 具有锁存功能，而且串行输入段选码需要一定时间，因此，不需要延时，即可形成视觉暂留效果。

N 位 LED 显示时，只需要一片 74HC595 即可完成，成本最低。但是，此种方法的缺点就是当 LED 的位数大于 12 位时，会出现闪烁现象，这是所有动态 LED 显示方式共同的缺点。

二、引脚功能

第 8 脚（GND）：电源地。
第 16 脚（V_{CC}）：电源正极。
第 14 脚（DATA）：串行数据输入口。显示数据由此输入，必须有时钟信号的配合才能移入。

第 13 脚（$\overline{OE}$）：使能口。当 $\overline{OE}=1$ 时，Q0～Q7 的输出全为"1"，当 $\overline{OE}=0$ 时，Q0～Q7 的输出由输入的数据控制。

第 12 脚（ST_CH）：锁存口。当输入的数据在传入寄存器后，只有供给一个锁存信号才能将移入的数据送 Q0～Q7 口输出。

第 11 脚（SH_CP）：时钟口。每一个时钟信号将移入一位数据到寄存器。

第 10 脚（$\overline{MR}$）：复位口。只要有复位信号，寄存器内移入的数据将清空。显示屏不用该脚，一般接 V_{CC}。

第 9 脚（Q7′）：串行数据输出端。

第 15、1～7 脚（Q0～Q7）：并行输出口，也就是驱动输出口，用于驱动 LED。

任务思考

一、程序设计题

根据题目要求，完成程序代码。

```
/*说明：74HC595 具有一个 8 位串入并出的移位寄存器和一个 8 位输出寄存器，本例利用 74HC595，通过串行输入数据来控制数码管的显示。*/
#include<reg51.h>
#include<intrins.h>
#define uchar unsigned char
#define uint unsigned int
sbit SH_CP=P2^0;        //移位时钟脉冲
sbit DS=P2^1;           //串行数据输入
sbit ST_CP=P2^2;        //输出锁存器控制脉冲
uchar temp;
uchar code DSY_CODE[]=
    {0xc0,0xf9,0xa4,0xb0,0x99,0x92,0x82,0xf8,0x80,0x90};
void DelayMS(uint ms)   //延时
    {
     uchar i;
     while(ms--) for(i=0;i<120;i++);
    }
//串行输入子程序
void In_595()
    {
     uchar i;
```

```
      for(i=0;i<8;i++)
        {
          temp<<=1;DS=CY;
          SH_CP=_____;        //移位时钟脉冲上升沿移位
          _nop_();_nop_();
          SH_CP=_____;
        }
    }
//并行输出子程序
void Out_595()
  {
    ST_CP=0;_nop_();
    ST_CP=_____;              //上升沿将数据送到输出锁存器
    _nop_();
    ST_CP=_____;              //锁存显示数据
  }
//主程序
void main()
  {
    uchar i;
    while(1)
      {
        for(i=0;i<10;i++)
          {
            temp=DSY_CODE[i];
            _____;             //temp 中的一字节数据串行输入 74HC595
            _____;             //74HC595 移位寄存数据传输到存储寄存器并出现在输出端
            DelayMS(200);
          }
      }
  }
```

二、思考题

（1）74HC595 是否可以驱动大屏点阵？

（2）74HC595 的 DS、$\overline{OE}$、ST_CP、SH_CP 四个端口是什么含义？

三、技能提高

任务1：设计电路图和程序代码，用74HC595实现流水灯。
评价要点：流程图绘制、硬件电路原理图修改、软件程序修改、软硬件联调、实物连接。
任务2：修改电路连接和程序代码，用74HC595和74LS138组合实现一个8×8点阵的显示。
评价要点：硬件电路原理图修改、软件程序修改、软硬件联调、实物连接。

任务三　74LS148扩展中断

任务目标

通过利用74LS148扩展中断的设计与仿真演示，掌握利用74LS148扩展中断的方法，掌握集成译码器的逻辑功能和使用方法，掌握用集成译码器、编码器设计组合逻辑电路的方法。

任务要求

（1）根据图4.3.1所示仿真电路图，在Proteus中完成仿真电路的搭建；
（2）建立工程4-3-1，根据任务资讯，在Keil上编写代码应用74LS148扩展中断实现LED显示效果。

仿真电路图

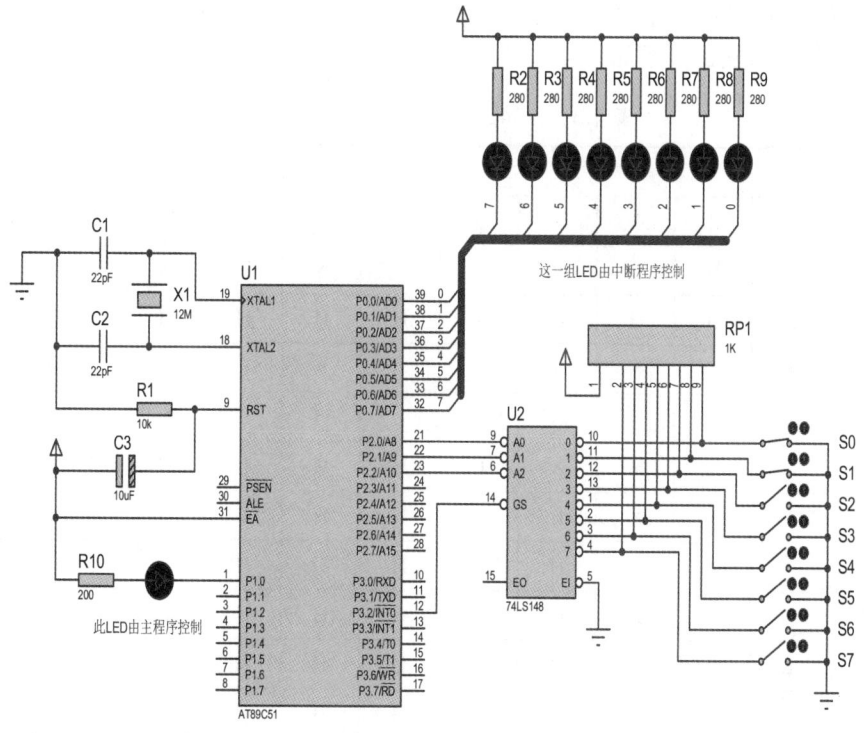

图4.3.1　仿真电路图

任务资讯

74LS148 为 8 线-3 线优先编码器，其引脚排列如图 4.3.2 所示。

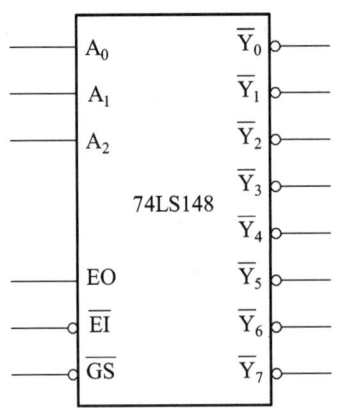

图 4.3.2　74LS148 的引脚排列

各引脚功能如下：

$\overline{Y_0} \sim \overline{Y_7}$——编码输入端（低电平有效）；

$\overline{EI}$——选通输入端（低电平有效）；

A_0、A_1、A_2——3 位二进制编码输出信号，即编码输出端（低电平有效）；

$\overline{GS}$——片优先编码输出端，即宽展端（低电平有效）；

EO——选通输出端，即使能输出端。

74LS148 的输入输出关系如表 4.3.1 所示。

表 4.3.1　74LS148 的输入输出关系

输入									输出				
$\overline{EI}$	0	1	2	3	4	5	6	7	A2	A1	A0	GS	EO
H	×	×	×	×	×	×	×	×	H	H	H	H	H
L	H	H	H	H	H	H	H	H	H	H	H	H	L
L	×	×	×	×	×	×	×	L	L	L	L	L	H
L	×	×	×	×	×	×	L	H	L	L	H	L	H
L	×	×	×	×	×	L	H	H	L	H	L	L	H
L	×	×	×	×	L	H	H	H	L	H	H	L	H
L	×	×	×	L	H	H	H	H	H	L	L	L	H
L	×	×	L	H	H	H	H	H	H	L	H	L	H
L	×	L	H	H	H	H	H	H	H	H	L	L	H
L	L	H	H	H	H	H	H	H	H	H	H	L	H

任务实施

（1）搭建仿真电路图。本任务使用 P0 口控制一组 8 位 LED，用 P2 口控制 74LS148 芯片，扩展成中断。

（2）建立工程 4-3-1，把以下程序代码放到 Keil 编译软件工具中，生成 HEX 文件，加载到仿真电路图中，观察显示效果。

```
#include<reg51.h>
#include<intrins.h>
#define uchar unsigned char
#define uint unsigned int
sbit LED=P1^0;
//INT0
void EX_INT0() interrupt 0
  {
    uchar bi=P2&0x07;
    P0=_cror_(0x7f,bi);
  }
void main()
  {
    uint i;
    IE=0x81;
    IT0=0;
    while(1)
      {
        LED=~LED;
        for(i=0;i<30000;i++);
        if(INT0==0)
          P0=0xff;
      }
  }
```

任务评价

	评价指标	分值	学生互评（40%）	老师评估（60%）	任务总评
任务内容	74LS148系统知识	20			
	电路图设计	20			
	程序设计	20			
	综合调试效果	20			
现场管理	出勤情况	5			
	实验室纪律	5			
	团队协作精神	5			
	保持实验室卫生	5			

任务练习

（1）利用工程4-3-1，修改程序代码，使用其他中断源试一次，观察效果是否一样；
（2）仿真成功后，将代码下载到实验箱继续调试。

任务思考

一、程序设计题

使用74LS148设计一个4路抢答器，请写出相应程序代码。

二、技能提高

任务1：独立设计一段代码，要求使用74LS148设计一个8路抢答器。
评价要点：流程图绘制、硬件电路原理图修改、软件程序修改、软硬件联调、实物连接。
任务2：独立设计电路连接和程序代码，要求使用74LS148模拟设计一个交通灯。
评价要点：硬件电路原理图修改、软件程序修改、软硬件联调、实物连接。

任务四　ADC0808控制PWM输出

任务目标

通过用ADC0808控制PWM输出的设计与仿真演示，熟练掌握数模转换芯片ADC0808的使用方法。

任务要求

（1）根据图 4.4.1 所示仿真电路图，在 Proteus 中完成仿真电路的搭建；

（2）建立工程 4-4-1，根据任务资讯，在 Keil 上编写代码实现用 ADC0808 控制 PWM 输出。

仿真电路图

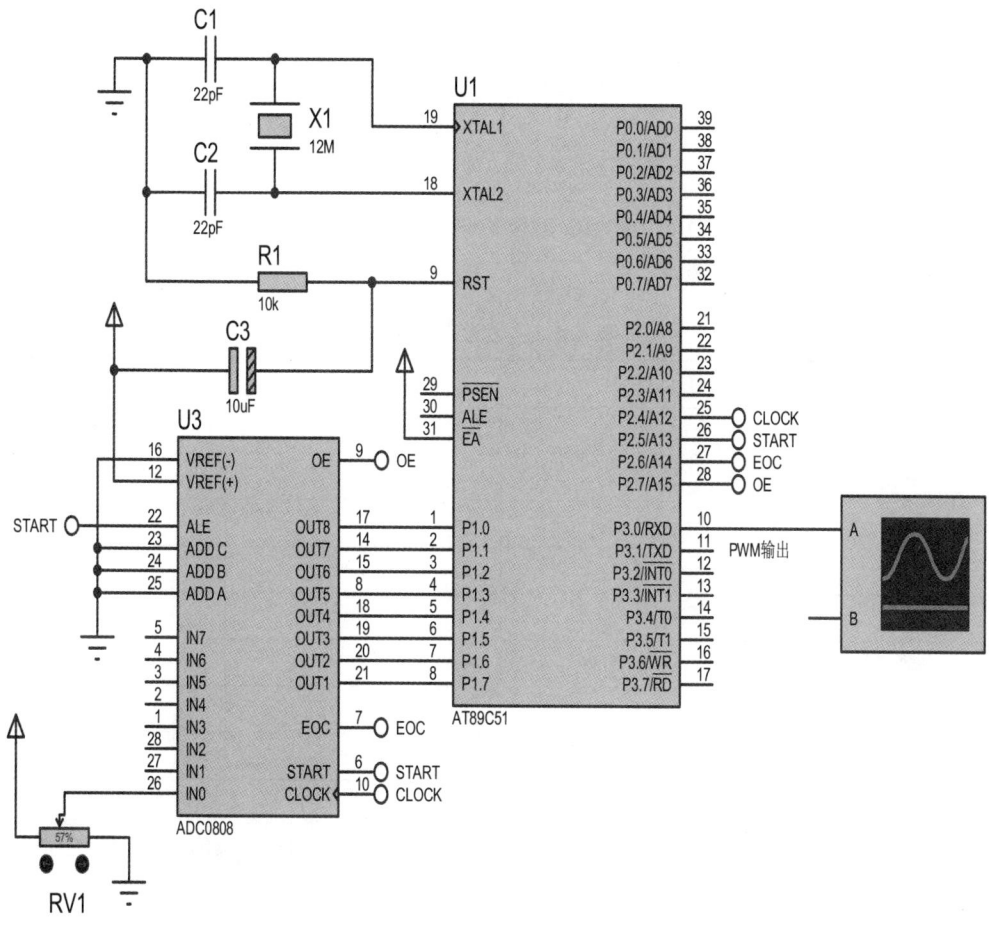

图 4.4.1　仿真电路图

任务资讯

ADC0808 是采样分辨率为 8 位的、以逐次逼近原理进行模/数转换的器件。其内部有一个 8 通道多路开关，它可以根据地址码锁存译码后的信号，只选通 8 路模拟输入信号中的一个进行 A/D 转换。ADC0808 是 ADC0809 的简化版本，二者功能基本相同。一般在硬件仿真时采用 ADC0808 进行 A/D 转换，实际使用时采用 ADC0809。

ADC0808 芯片有 28 条引脚，采用双列直插式封装，各引脚功能如下：

1 ~ 5 和 26 ~ 28 脚（IN0 ~ IN7）：8 路模拟量输入端。

8、14、15 和 17～21 脚：8 位数字量输出端。

22 脚（ALE）：地址锁存允许信号，输入，高电平有效。

6 脚（START）：A/D 转换启动脉冲输入端。输入一个正脉冲（至少 100 ns 宽）可使 A/D 转换启动（脉冲上升沿使 0809 复位，下降沿启动 A/D 转换）。

7 脚（EOC）：A/D 转换结束信号，输出。当 A/D 转换结束时，此端输出一个高电平（转换期间一直为低电平）。

9 脚（OE）：数据输出允许信号，输入，高电平有效。当 A/D 转换结束时，此端输入一个高电平，才能打开输出三态门，输出数字量。

10 脚（CLK）：时钟脉冲输入端。要求时钟频率不高于 640 kHz。

12 脚（V_{REF+}）和 16 脚（V_{REF-}）：参考电压输入端。

11 脚（V_{CC}）：主电源输入端。

13 脚（GND）：地。

23～25 脚（ADDA、ADDB、ADDC）：3 位地址输入端，用于选通 8 路模拟输入中的一路，如表 4.4.1 所示。

表 4.4.1 通道选择表

ADDC	ADDB	ADDA	选择通道
0	0	0	IN0
0	0	1	IN1
0	1	0	IN2
0	1	1	IN3
1	0	0	IN4
1	0	1	IN5
1	1	0	IN6
1	1	1	IN7

任务实施

（1）搭建图 4.4.1 所示仿真电路。本任务使用 P1 口接 ADC0808，采集转换后数字信号，P3.1 口接虚拟示波器。

（2）建立工程 4-4-1，用 ADC0808 控制 PWM 输出。通过调节可变电阻 RV1 来调节脉冲宽度，运行程序时，通过虚拟示波器观察占空比的变化效果。把以下程序代码放到 Keil 编译软件工具中，生成 HEX 文件，加载到仿真电路图中，观察显示效果。

```
#include <reg51.h>
#define uchar unsigned char
#define uint unsigned int
sbit CLK=P2^4;
sbit ST=P2^5;
```

```c
sbit EOC=P2^6;
sbit OE=P2^7;
sbit PWM=P3^0;
void DelayMS(uint ms)
  {
    uchar i;
    while(ms--)
    for(i=0;i<40;i++);
  }
void main()
  {
    uchar Val;
    TMOD=0x02;
    TH0=0x14;
    TL0=0x00;
    IE=0x82;
    TR0=1;
    while(1)
       {
          ST=0;ST=1;ST=0;
          while(!EOC);
          OE=1;
          Val=P1;
          OE=0;
          if(Val==0)
             {
                PWM=0;
                DelayMS(0xff);
                continue;
             }
          if(Val==0xff)
             {
                PWM=1;
                DelayMS(0xff);
                continue;
             }
          PWM=1;
          DelayMS(Val);
          PWM=0;
```

```
            DelayMS(0xff-Val);
        }
    }
}
void Timer0_INT() interrupt 1
    {
        CLK=~CLK;
    }
```

任务评价

评价指标		分值	学生互评（40%）	老师评估（60%）	任务总评
任务内容	ADC0808基本知识	20			
	电路图设计	20			
	程序设计	20			
	综合调试效果	20			
现场管理	出勤情况	5			
	实验室纪律	5			
	团队协作精神	5			
	保持实验室卫生	5			

任务练习

（1）利用工程4-4-1，修改程序代码，使用ADC0808的通道1进行数据采集；
（2）仿真成功后，将代码下载到实验箱继续调试。

知识拓展

一、典型的集成ADC芯片

为了满足多种需要，目前国内外各半导体器件生产厂家设计并生产出了多种多样的ADC芯片。仅美国AD公司的ADC产品就有几十个系列近百种型号之多。从性能上讲，它们有的精度高，有的速度快。从功能上讲，有的不仅具有A/D转换的基本功能，还包括内部放大器和三态输出锁存器；有的甚至还包括多路开关、采样保持器等，已发展为一个单片的小型数据采集系统。

ADC芯片的品种、型号很多，其内部功能强弱、转换速度快慢、转换精度高低有很大差别，但从用户最关心的外特性看，无论哪种芯片，都必须包括以下四种基本信号引脚：模拟信号输入端（单极性或双极性），数字量输出端（并行或串行），转换启动信号输入端，转换结束信号输出端。除此之外，各种不同型号的芯片可能还会有一些其他各不相同的控制信号端。选用 ADC 芯片时，除了必须考虑各种技术要求外，通常还需了解芯片以下两方面的特性。

（1）数字输出的方式是否有可控三态输出。有可控三态输出的 ADC 芯片允许输出线与微机系统的数据总线直接相连，并在转换结束后利用读数信号 RD 选通三态门，将转换结果送上总线。没有可控三态输出（包括内部根本没有输出三态门和虽有三态门但外部不可控两种情况）的 ADC 芯片则不允许数据输出线与系统的数据总线直接相连，而必须通过 I/O 接口与 MPU 交换信息。

（2）启动转换的控制方式是脉冲控制式还是电平控制式。对脉冲启动转换的 ADC 芯片，只要在其启动转换引脚上施加一个宽度符合芯片要求的脉冲信号，就能启动转换并自动完成。一般能和 MPU 配套使用的芯片，MPU 的 I/O 写脉冲都能满足 ADC 芯片对启动脉冲的要求。对电平启动转换的 ADC 芯片，在转换过程中启动信号必须保持规定的电平不变，否则，如中途撤销规定的电平，就会停止转换而可能得到错误的结果。为此，必须用 D 触发器或可编程并行 I/O 接口芯片的某一位来锁存这个电平，或用单稳态电路来对启动信号进行定时变换。

具有上述两种数字输出方式和两种启动转换控制方式的 ADC 芯片都不少，在实际使用芯片时要特别注意看清芯片说明。下面介绍两种常用芯片的性能和使用方法。

二、ADC0808/0809

ADC0808 和 ADC0809 除精度略有差别外（前者精度为 8 位、后者精度为 7 位），其余各方面完全相同。它们都是 CMOS 器件，不仅包括一个 8 位的逐次逼近型的 ADC 部分，还提供一个 8 通道的模拟多路开关和通道寻址逻辑，因而有理由把它们看作简单的"数据采集系统"。利用它们可直接输入 8 个单端的模拟信号分时进行 A/D 转换，在多点巡回检测和过程控制、运动控制中应用十分广泛。

ADC0808/0809 的主要技术指标和特性如下：

（1）分辨率：8 位。

（2）总的不可调误差：ADC0808 为 ± 21 LSB，ADC0809 为 ± 1LSB。

（3）转换时间：取决于芯片时钟频率，如 CLK=500 kHz 时，转换时间为 128 μs。

（4）单一电源：+5 V。

（5）模拟输入电压范围：单极性 0～5 V；双极性 ± 5 V，± 10 V（需外加一定电路）。

（6）具有可控三态输出缓存器。

（7）启动转换控制为脉冲式（正脉冲），上升沿使所有内部寄存器清零，下降沿使 A/D 转换开始。

（8）使用时不需进行零点和满刻度调节。

三、工作时序与使用说明

对于 ADC0808/0809，当通道选择地址有效时，ALE 信号一出现，地址便马上被锁存，这时转换启动信号紧随 ALE 之后（或与 ALE 同时）出现。START 的上升沿将逐次逼近寄存器 SAR 复位，在该上升沿之后的 2 μs + 8 个时钟周期内（不定），EOC 信号将变为低电平，以指示转换操作正在进行中，直到转换完成后 EOC 再变为高电平。微处理器收到变为高电平的 EOC 信号后，便立即送出 OE 信号，打开三态门，读取转换结果。

模拟输入通道的选择可以相对于转换开始操作独立地进行（当然，不能在转换过程中进行），然而通常是把通道选择和启动转换结合起来完成（因为 ADC0808/0809 的时间特性允许这样做）。这样可以用一条写指令既选择模拟通道又启动转换。在与微机接口时，输入通道的选择可有两种方法，一种是通过地址总线选择，一种是通过数据总线选择。如用 EOC 信号去产生中断请求，要特别注意 EOC 的变低相对于启动信号有 2 μs+8 个时钟周期的延迟，要设法使它不致产生虚假的中断请求。为此，最好利用 EOC 上升沿产生中断请求，而不是靠高电平产生中断请求。

任务思考

一、程序设计题

现有用 ADC0808 设计的温度调节器，当调节温度低于 60 °C 或高于 160 °C 时报警灯闪烁，且发出不同频率的声音。以下给出了部分代码，试按要求写出完整代码。

```
unsigned int read_adc(unsigned char adc_input)
//读取 A/D 转换结果
  {
      ADMUX=adc_input|ADC_VREF_TYPE;
      ADCSRA|=0x40;        //启动 A/D 转换
      while ((ADCSRA&0x10)==0);    //等待 A/D 转换完成
      ADCSRA|=0x10; return ADCH;
  }
  void Process(unsigned int i,unsigned char *p)
//数据处理函数
  {
```

```
        p[0]=i/1000;
        i=i%1000;
        p[1]=i/100;
        i=i%100;
        p[2]=i/10;
        i=i%10;
        p[3]=i;
    }
```

二、思考题

（1）ADC0808 与 ADC0809 有什么区别？

（2）ADC0808 与 ADC0809 在用高级语言编程上有何区别？

三、技能提高

结合之前所学内容，设计电路和程序代码，实现从 ADC0808 的通道 IN3 输入 0~5 V 的模拟量，通过 ADC0808 转换成数字量并在数码管上以十进制形式显示出来。

评价要点：硬件电路原理图修改、软件程序修改、软硬件联调、实物连接。

任务五　用 BCD 译码数码管显示数字

任务目标

通过用 BCD 译码数码管显示数字的设计与仿真演示，学会 CD4511 的使用方法。

任务要求

（1）根据图 4.5.1 所示仿真电路图，在 Proteus 中完成仿真电路的搭建；

（2）建立工程 4-5-1，根据任务资讯，在 Keil 上编写代码实现用 BCD 译码数码管显示数字；

仿真电路图

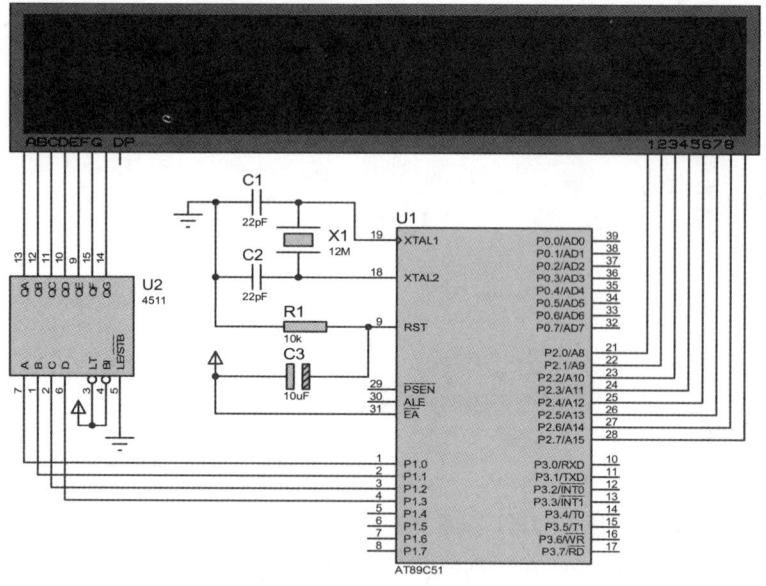

图 4.5.1　仿真电路图

任务资讯

一、CD4511 的特点

CD4511 是一个用于驱动共阴极 LED（数码管）显示器的 BCD 码-七段码译码器。其特点有：具有消隐和锁存控制，能够驱动 BCD 码-七段码译码器的 CMOS 电路，能提供较大的拉电流，可直接驱动 LED 显示器。

二、CD4511 的引脚功能

CD4511 的引脚排列如图 4.5.2 所示。

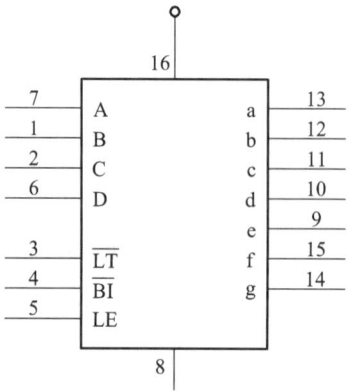

图 4.5.2　CD4511 的引脚排列

各引脚功能如下：

（1）A、B、C、D：8421BCD 码输入端，高电平有效。

（2）a、b、c、d、e、f、g：译码输出端。输出为高电平有效，可驱动共阴极 LED 数码管。

（3）$\overline{\text{LT}}$（3 脚）：测试输入端。该端拥有最高级别权限，与其余所有输入端状态无关，只要 LT=0，译码输出全为 1，不管输入 D、C、B、A 状态如何，七段数码管均发亮，显示"8"。这一功能主要用于测试，因此正常使用中应接高电平。

（4）$\overline{\text{BI}}$（4 脚）：消隐输入控制端。当 $\overline{\text{BI}}$=0 时，不管其他输入端状态如何，七段数码管均处于熄灭（消隐）状态，不显示任何数字。

（5）LE（5 脚）：锁定控制端。当 LE=1 时，加在 A、B、C、D 端的外部编码信息不再进行译码，所以 CD4511 的输出状态保持不变；当 LE=0 时，则 A、B、C、D 端的 BCD 码一经改变，译码器就立即输出新的译码值。

（6）引脚 8、16 分别为 V_{DD}、V_{SS}。

另外，CD4511 有拒绝伪码的特点，当输入数据越过十进制数 9（1001）时，显示字形也自行消隐。同时，CD4511 显示数 "6" 时 a 段消隐，显示数 "9" 时 d 段消隐，所以显示 "6"、"9" 这两个数时，字形不太美观。

三、CD4511 的输入输出关系

CD4511 的输入输出关系如表 4.5.1 所示。

表 4.5.1 CD4511 的输入输出关系

输入							输出							显示
LE	$\overline{\text{BI}}$	$\overline{\text{LT}}$	D	C	B	A	a	b	c	d	e	f	g	
×	×	0	×	×	×	×	1	1	1	1	1	1	1	8
×	0	1	×	×	×	×	0	0	0	0	0	0	0	消隐
0	1	1	0	0	0	0	1	1	1	1	1	1	0	0
0	1	1	0	0	0	1	0	1	1	0	0	0	0	1
0	1	1	0	0	1	0	1	1	0	1	1	0	1	2
0	1	1	0	0	1	1	1	1	1	1	0	0	1	3
0	1	1	0	1	0	0	0	1	1	0	0	1	1	4
0	1	1	0	1	0	1	1	0	1	1	0	1	1	5
0	1	1	0	1	1	0	0	0	1	1	1	1	1	6
0	1	1	0	1	1	1	1	1	1	0	0	0	0	7
0	1	1	1	0	0	0	1	1	1	1	1	1	1	8
0	1	1	1	0	0	1	1	1	1	0	0	1	1	9
0	1	1	1	0	1	0	0	0	0	0	0	0	0	消隐
1	1	1	×	×	×	×	锁存第一个输入的信号							锁存

任务实施

(1)搭建图4.5.1所示仿真电路。本任务使用P1口前4位控制CD4511的ABCD编码,其输出端连接8位数码管段选信号,P2口控制8位数码管位选信号。

(2)建立工程4-5-1,把以下程序代码放到Keil编译软件工具中,生成HEX文件,加载到仿真电路图对应的控制器中,观察显示效果。

```c
#include<reg51.h>
#define uchar unsigned char
#define uint unsigned int
uchar code DSY_Index[]=
    {0xfe,0xfd,0xfb,0xf7,0xef,0xdf,0xbf,0x7f};
uchar code BCD_CODE[]={2,0,1,4,1,0,1,5};
void DelayMS(uint ms)
  {
    uchar i;
    while(ms--)
    for(i=0;i<120;i++);
  }
void main()
  {
    uchar k;
    while(1)
      {
        for(k=0;k<8;k++)
          {
            P2=DSY_Index[k];
            P1=BCD_CODE[k];
            DelayMS(1);
          }
      }
  }
```

任务评价

评价指标		分值	学生互评（40%）	老师评估（60%）	任务总评
任务内容	CD4511芯片基本知识	20			
	电路图设计	20			
	程序设计	20			
	综合调试效果	20			
现场管理	出勤情况	5			
	实验室纪律	5			
	团队协作精神	5			
	保持实验室卫生	5			

任务练习

（1）利用工程4-5-1，修改程序代码，实现数码管显示"30457219"；
（2）仿真成功后，将代码下载到实验箱继续调试。

任务思考

一、设计题

8路智能抢答器是采用了CD4511集成芯片来实现功能要求的。在抢答过程中，每个选手都有一个抢答按钮。在主持人按下复位键并宣布抢答开始后，选手就开始进行抢答。在指定时间内选手进行抢答，数码显示屏上会显示最先抢答选手的编号，同时扬声器发声提醒。如果主持人没有按下复位键而选手就抢答视为犯规，扬声器持续报警。如果主持人按下复位键没宣布开始而选手就抢答，显示屏显示犯规者的编号，主持人可按复位键，新一轮抢答开始。其主要功能有如下三点：

（1）可同时供8名选手参加比赛，其相应的编号分别是1~8。选手各用一个抢答按钮，按钮的编号与选手的编号相对应。

（2）给主持人设置一个控制开关，用来控制系统的清零（编号显示数码管灭灯）和抢答的开始。

（3）抢答器具有数据锁存和显示的功能。抢答开始后，若有选手按动抢答按钮，编号立即锁存，并在LED数码管上显示出选手的编号。

根据上述要求编写代码，设计仿真图，并验证效果。

二、思考题

（1）电梯楼层显示电路，按动标有 1、2、3、4、5、6、7、8 的某一按键时，为什么可显示相应的数字？试根据已学知识分析其原理。

（2）计算机内字符是如何保存和显示的？字符的代码与字形是否相同？字库是什么？字库存放的是字符的代码还是字形？

（3）分析如何将一个 100 以内的数分解成两位 BCD 数。

（4）分析如何实现显示数值每秒减 1 功能。

（5）实验电路中若不用 CD4511，可否改用其他芯片实现相同功能？

（6）若将仿真电路中的共阴极数码管改成共阳极数码管，是否可行？为什么？

三、技能提高

任务 1：请用译码器设计一个控制电路，并独立设计一段代码，要求：当输入为 000 时，红色 LED 亮；当输入为 001 时，绿色 LED 亮；当输入为 010 时，黄色 LED 亮；当输入为 011 时，继电器 J1 闭合；当输入为 100 时，小电机旋转。

评价要点：流程图绘制、硬件电路原理图修改、软件程序修改、软硬件联调、实物连接。

任务 2：查阅相关技术资料，设计电路和程序，实现用两个显示器显示自己的学号。

评价要点：硬件电路原理图修改、软件程序修改、软硬件联调、实物连接。

任务 3：采用 CD4511 设计两位数的 LED 静态显示电路，其功能为：两位 8421BCD 码每隔 1 秒减 1 计数，从 99 开始，减到 0 时，再过 1 秒，又从 99 开始，如此循环。晶振频率为 6 MHz。

可参考以下代码：

```
main()
  { int x=99;
    while(1)
      { if(x==-1)x=99;
        else
          { disp(x);
            delay(100);x--;
          }
/*    disp(x);
      delay(100);
```

```
           x=(x<0)?99:x-1;    */
         }
    }
void disp(int x)
   { int x1,x0;
     x1=((x/10)&0x0f)<<4;
     x0=(x%10)&0x0f;
     P1=x1|x0;
   }
```

项目五 综合实训

本项目通过五个综合训练，让学生熟悉单片机应用系统的开发设计流程，并加深对单片机的理解，以及掌握单片机与外围设备接口的一些方法和技巧。

【知识目标】

（1）掌握51系列单片机的最小应用系统的构成，同时在此基础上扩展一些实用性强的外围接口；
（2）了解LED显示器的结构、工作原理以及这种显示器的接口实例、具体连接及编程方法；
（3）利用串行口来扩展显示接口。

【技能目标】

（1）能独立安装、操作单片机应用系统；
（2）能运用单片机仿真器进行单片机应用系统的调试；
（3）能烧录应用程序，完成应用系统的联调；
（4）具有各种电子手册及资料的检索与阅读能力，能阅读英语技术资料；
（5）掌握常见仪表的使用方法；
（6）具有电子电路识图与分析的能力；
（7）具有电路测试方案设计能力和测试数据分析能力；
（8）具有利用各种仪器与工具熟练排除电路故障的能力；
（9）能根据相应要求，细化电路的功能和技术指标，设计简单电路或单元电路；
（10）会撰写项目研制报告。

【情感目标】

（1）培养学生谦虚、好学的态度，能利用各种媒体获取新知识、新技术；
（2）培养学生分析问题、解决问题的能力；
（3）培养学生的沟通能力及团队协作精神；
（4）培养学生良好的职业道德；
（5）培养学生勇于创新、敬业乐业的工作作风。

任务一　可以调控的走马灯设计

设计要求

多功能走马灯的具体要求如下：

（1）显示部分使用 16 个 LED。

（2）设置三个按键：K1——模式键，通过按键调整显示结果，要求有 8 种模式；K2——加速键，加快走马灯的速度；K3——减速键，放慢走马灯的速度。

（3）8 种模式通过一个共阴极数码管显示出来。例如，走马灯的显示效果为模式 1 时，数码管显示数字"1"。

8 种显示模式如下：

模式 1：LED 从左到右循环点亮，只有 1 个灯亮。

模式 2：LED 从右到左循环点亮，只有 1 个灯亮。

模式 3：LED 从左到右，然后从右到左，只有 1 个灯亮。

模式 4：1 个灯从左到右灭，然后从右到左，循环灭。

模式 5：LED 灯从左到右灭，然后从右到左灭，再接着就是从右到左点亮，从左到右点亮。

模式 6：4 个 LED 点亮，从左到右，然后从右到左，每次循环到 1 个灯亮时，就重新循环。

模式 7：4 个 LED 灭，从左到右，然后从右到左，每次循环到 1 个灯灭时，就重新循环。

模式 8：6 个 LED 灯亮，从左到右，到达边界时立即返回，不停留。

设计目的

熟练掌握 SPI 通信方式的应用。

参考仿真电路图

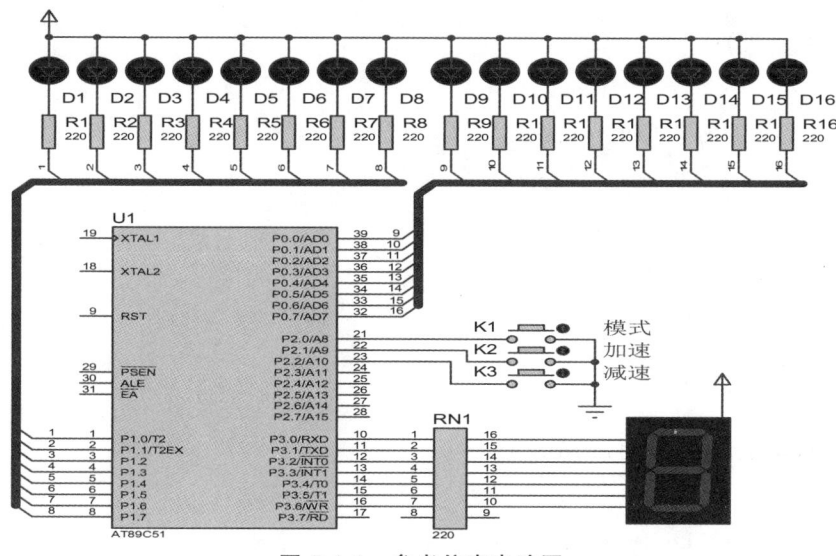

图 5.1.1　参考仿真电路图

程序设计

```c
#include <reg51.h>
#define uchar unsigned char
#define uint unsigned int
uchar ModeNo; uint Speed; uchar tCount=0; uchar Idx;
uchar mb_Count=0;
bit Dirtect=1;
uchar code  DSY_CODE[]=
    {0xC0,0xF9,0xA4,0xB0,0x99,0x92,0x82,0xF8,0x80,0x90};
uint code sTable[]=
    {0,1,3,5,7,9,15,30,50,100,200,230,280,300,350};
void Delay(uint x)
  {
    uchar i;
    while (x--)
    for(i=0;i<120;i++);
  }
uchar GetKey()
  {
    uchar K;
    if(P2==0xFF)
    return 0;
    Delay(10);
    switch(P2)
      {
         case 0xFE: K=1; break;
         case 0xFD: K=2; break;
         case 0xFB: K=3; break;
         default: K=0;  }
    while (P2!=0xFF);
    return K;
  }
  void Led_Demo(uint Led16)
  {
    P1=(uchar)(Led16 & 0x00FF);
```

```c
      P0=(uchar)(Led16 >>8);
   }
void T0_TNT() interrupt 1
   {
      if (++tCount < Speed) return;
      tCount=0;
      switch (ModeNo)
         {
            case 0: Led_Demo(0x0001 << mb_Count);break;
            case 1: Led_Demo(0x8000 >> mb_Count);break;
            case 2: if(Dirtect) Led_Demo(0x000F << mb_Count);
                    else
                       Led_Demo(0xF000 >> mb_Count);
                    if(mb_Count==15) Dirtect =!Dirtect; break;
            case 3: if(Dirtect) Led_Demo(~(0x000F << mb_Count));
                    else
                       Led_Demo(~(0xF000 >> mb_Count));
                    if(mb_Count==15) Dirtect =!Dirtect; break;
            case 4: if(Dirtect) Led_Demo(0x003F << mb_Count);
                    else
                       Led_Demo(0xFC00 >> mb_Count);
                    if(mb_Count==15) Dirtect=!Dirtect; break;
            case 5: if(Dirtect) Led_Demo(0x0001 << mb_Count);
                    else       Led_Demo(0x8000 >> mb_Count);
                    if(mb_Count==15) Dirtect =!Dirtect; break;
            case 6: if(Dirtect) Led_Demo(~(0x0001 << mb_Count));
                    else       Led_Demo(~(0x8000 >> mb_Count));
                    if(mb_Count==15) Dirtect =!Dirtect;break;
            case 7: if(Dirtect) Led_Demo(0xFFFE << mb_Count);
                    else       Led_Demo(0x7FFF >> mb_Count);
                    if(mb_Count==15) Dirtect =!Dirtect; break;
         }                 mb_Count=(mb_Count+1)%16;
   }
void KeyProcess(uchar Key)
   {
        switch(Key)
```

```
            {
         case 1:Dirtect=1;mb_Count=0;ModeNo=(ModeNo+1)%8; P3=DSY_CODE[ModeNo];
              break;
         case 2:if (Idx>1) Speed=sTable[--Idx];break;
         case 3:if (Idx<15) Speed=sTable[++Idx];
            }
   }
void main()
  {
    uchar Key;
    P0=P1=P2=P3=0xFF;
    ModeNo=0;Idx=4;
    Speed=sTable[Idx];
    P3=DSY_CODE[ModeNo];
    IE=0x82;
    TMOD=0x00;
    TR0=1;
    while(1)
      {
        Key=GetKey();
        if(Key!=0)  KeyProcess(Key);
      }
  }
```

任务二　用数码管设计的可调式电子钟

设计要求

要求数字钟能以 24 小时制显示时间，可随时进行时间调整，并具有整点报时以及闹钟功能。

设计目的

通过利用单片机设计一个数字时钟，把单片机的相关知识有机地联系起来，增强动手能力。

参考仿真电路图

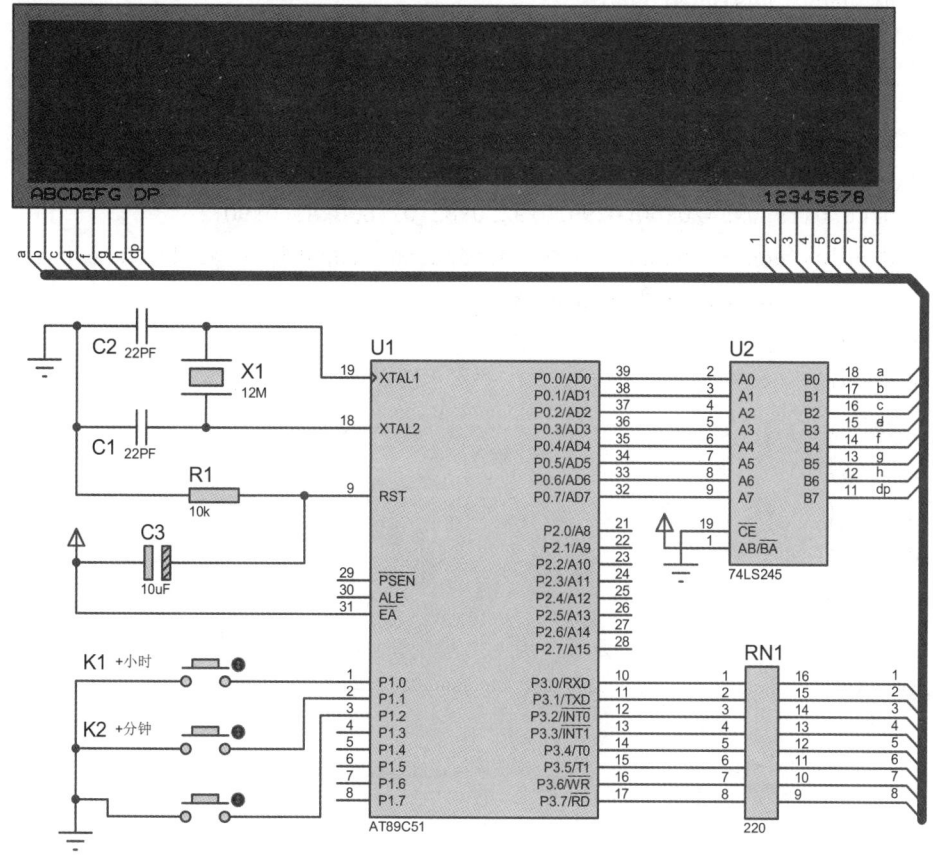

图 5.2.1　参考仿真电路图

程序设计

主程序执行时钟的显示功能，利用动态显示方式，先显示时，然后显示分、秒，每一位中间隔着相应的延时。时、分、秒的数值分别用三个寄存器存储，主程序只需直接显示寄存器里的内容即可。

计时子程序由内部定时器中断程序完成。定时器定时 50 ms，每 50 ms 中断一次，中断 20 次后即够 1 秒，存储秒的寄存器加 1，加到 60 时存储分的寄存器加 1，加到 60 时存储时的寄存器加 1，从而实现 24 小时的计时。

调整程序由两个外中断子程序配合完成。外中断 1 子程序用于设定调整的内容，以区分调整时钟的时、分、秒，以及设定闹钟的时、分。外中断 0 子程序用于对相应的调整项进行加 1 操作。

整点报时功能只要在存储时的寄存器加 1 的时刻输出一声铃声即可。闹钟功能要在每次计时的时候判断时钟的时、分是否与闹钟设定的时、分相同，若相同即响铃两声，不同则继续执行。

具体程序代码如下：

```c
#include <reg51.h>
#define uchar unsigned char
#define uint  unsigned int
Uchar temp1,temp2,temp3,aa,miaoshi,miaoge,fenshi,
fenge,shishi,shige;
uchar code table[]=
    {0xc0,0xf9,0xa4,0xb0,0x99,0x92,0x82,0xf8,0x80,0x90};
void display(uchar shishi,uchar shige,uchar fenshi,uchar fenge,uchar
            miaoshi,uchar miaoge);
sbit S1=P1^0;
sbit S2=P1^1;
sbit S3=P1^2;
void delay(uint z);
void init();
void main()
  {
    init();
    while(1)
      {
        if(S1==0)
          {
            temp3++;
            while(S1==0);
          }
        if(S2==0)
          {
            temp2++;
            while(S2==0);
          }
        if(S3==0)
          {
            temp1++;
            while(S3==0);
          }

        if(aa==20)
          {
            aa=0;
```

```
                    temp1++;
                if(temp1==60)
                  {
                    temp1=0;
                    temp2++;
                  }
                if(temp2==60)
                  {
                    temp2=0;
                    temp3++;
                  }
                if(temp3==24)
                  {
                    temp3=0;
                  }
                miaoshi=temp1/10;
                miaoge=temp1%10;
                fenshi=temp2/10;
                fenge=temp2%10;
                shishi=temp3/10;
                shige=temp3%10;
              }
           display(shishi, shige, fenshi, fenge, miaoshi, miaoge);
       }
   }
void delay(uint z)
   {
     uchar x,y;
     for(x=z;x>0;x--)
     for(y=110;y>0;y--);
   }
void display(uchar shishi,uchar shige,uchar fenshi,uchar fenge,uchar
             miaoshi,uchar miaoge)
   {
     P3=0x40;
     P0=table[miaoshi];
     delay(5);
     P3=0x00;
```

```
        P3=0x80;
        P0=table[miaoge];
        delay(5);
        P3=0x00;
        P3=~0xf7;
        P0=table[fenshi];
        delay(5);
        P3=0x00;
        P3=~0xef;
        P0=table[fenge];
        delay(5);
        P3=0x00;
        P3=~0xfe;
        P0=table[shishi];
        delay(5);
        P3=0x00;
        P3=~0xfd;
        P0=table[shige];
        delay(5);
        P3=0x00;
        P3=~0xdf;
        P0=0xbf;
        delay(5);
        P3=0x00;
        P3=~0xfb;
        P0=0xbf;
        delay(5);
        P3=0x00;
        delay(5); }
void init()
    {
        temp1=0;
        temp2=0;
        temp3=0;
        TMOD=0x01;
        TH0=(65536-50000)/256;
        TL0=(65536-50000)%256;
        EA=1;
```

```
    ET0=1;
    TR0=1;
}
void timer0()interrupt 1
{
    TH0=(65536-50000)/256;
    TL0=(65536-50000)%256;
    aa++;
}
```

任务三　电梯智能控制系统设计

设计要求

设计一个电梯系统的智能控制模块，即根据每个楼层不同用户的按键操作，让电梯做出合理的判断，正确高效地指导电梯完成各项载客任务。

设计目的

进一步熟悉单片机系统的开发设计流程，增强动手能力。

参考仿真电路图

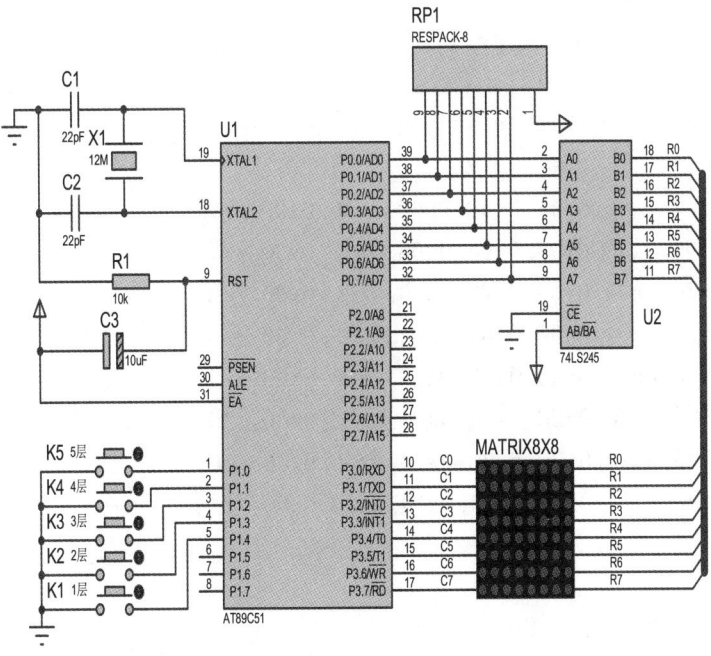

图 5.3.1　参考仿真电路图

程序设计

电梯智能控制系统的工作流程如图 5.3.2 所示。

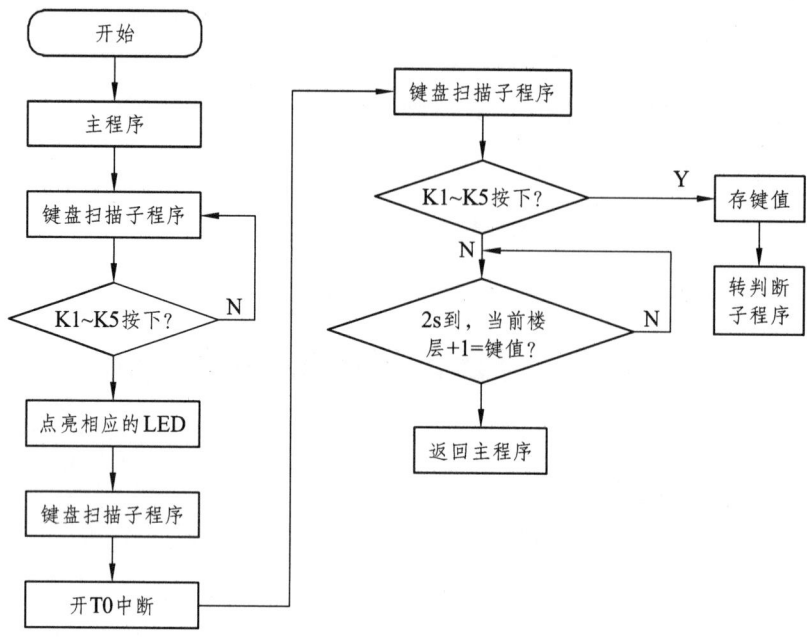

图 5.3.2 电梯智能控制系统工作流程图

具体程序代码如下：

```c
#include <reg51.h>   //51 系列单片机头文件
#include <intrins.h>
#define uchar unsigned char
#define uint unsigned int
uchar code Table_OF_Digits[]=
  {
    0x00,0x3C,0x66,0x42,0x42,0x66,0x3C,0x00,//0
    0x00,0x08,0x38,0x08,0x08,0x08,0x3E,0x00,//1
    0x00,0x3C,0x04,0x04,0x3C,0x20,0x3C,0x00,//2
    0x00,0x3C,0x04,0x3C,0x04,0x04,0x3C,0x00,//3
    0x00,0x20,0x28,0x28,0x3C,0x08,0x08,0x00,//4
    0x00,0x3C,0x20,0x20,0x3C,0x04,0x3C,0x00,//5
    0x00,0x20,0x20,0x20,0x3C,0x24,0x3C,0x00,//6
    0x00,0x3C,0x04,0x04,0x04,0x04,0x04,0x00//7
  };
uint r = 0;
char offset = 0;
uchar Current_Level = 1,Dest_Level = 1,x = 0,t = 0;
```

```c
//----------------------------------------
//主程序
//----------------------------------------
void main()
  {
    P3 = 0x80;
    Current_Level = 1;
    Dest_Level = 1;
    TMOD = 0x01;
    TH0 = -4000/256;
    TL0 = -4000%256;
    TR0 = 1;
    IE = 0x82;
    while(1);
  }
//-----------------------------
// T0 中断
//-----------------------------
void LED_Screen_Display() interrupt 1
  {
    uchar i ;
    if(P1 !=0xFF && Current_Level==Dest_Level)
      {
        if(P1 == 0xFE) Dest_Level = 5;
        if(P1 == 0xFD) Dest_Level = 4;
        if(P1 == 0xFB) Dest_Level = 3;
        if(P1 == 0xF7) Dest_Level = 2;
        if(P1 == 0xEF) Dest_Level = 1;
      }
    TH0 = -4000/256;
    TL0 = -4000%256;
    P3 = _crol_(P3 , 1);
    i = Current_Level * 8 + r  + offset;
    P0 = ~Table_OF_Digits[i];
    //上升显示
    if(Current_Level < Dest_Level)
      {
        if( ++r == 8)
```

```
                {
                  r = 0;
                  if(++x == 4)
                    {
                      x = 0;
                      if(++offset == 8)
                        {
                          offset = 0;
                          Current_Level++;
                        }
                    }
                }
//下降显示
    else
    if(Current_Level > Dest_Level)
      {
        if( ++r == 8)
          {
            r = 0;
            if(++x == 4)
              {
                x = 0;
                if(--offset == -8)
                  {
                    offset = 0;
                    Current_Level--;
                  }
              }
          }
      }
//停止滚动,保持稳定的刷新显示
    else
      {
        if( ++r == 8)  r = 0;
      }
  }
```

任务四　篮球计时计分器设计

设计要求

（1）能记录整个赛程的比赛时间，并能在比赛开始前设定比赛时间，在比赛过程中能暂停比赛时间。

（2）能随时刷新甲、乙两队在整个赛程中的比分，即对甲乙两队的分数进行加分和减分。

（3）中场交换比赛场地时，能交换甲、乙两队比分的位置。

（4）比赛结束时能发出报警提示。

（5）在每次交换球权后24秒能手动赋初值，进攻超过24秒计时暂停，直到按下相应按键继续开始计时。

设计目的

进一步熟悉单片机系统的开发设计，并掌握单片机与外围设备接口的一些方法和技巧。

参考仿真电路图

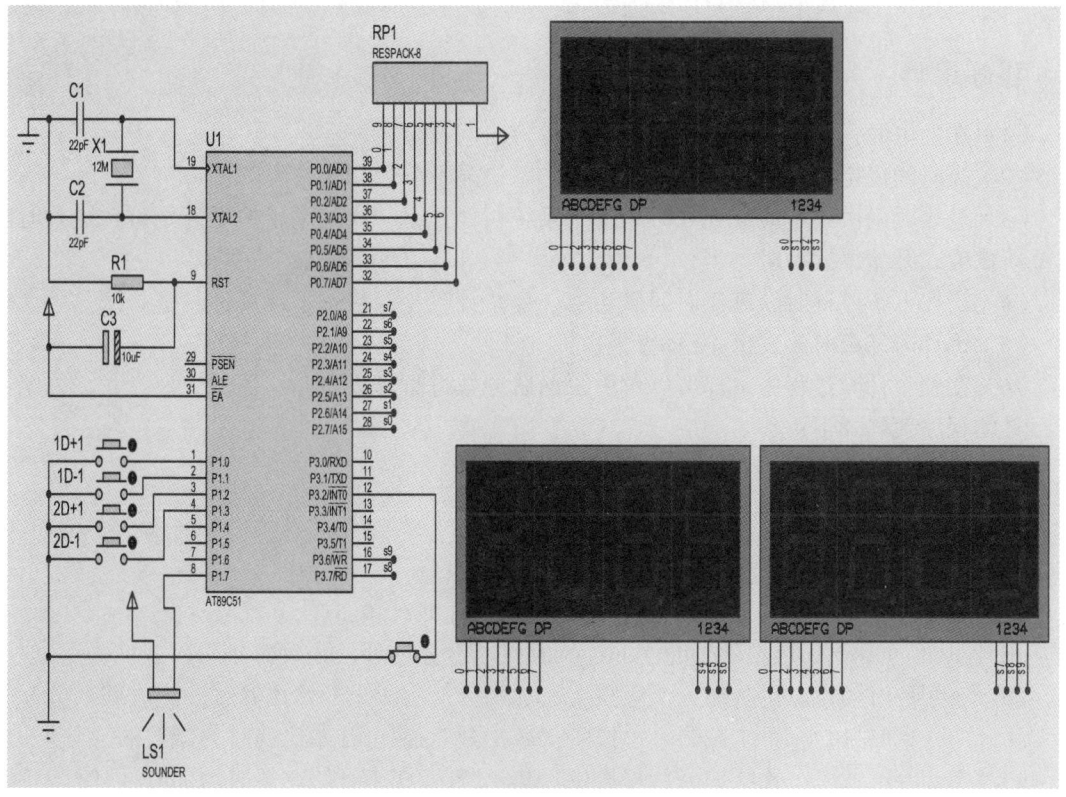

图 5.4.1　参考仿真电路图

基于单片机系统的篮球计时计分器的系统结构如图 5.4.2 所示。

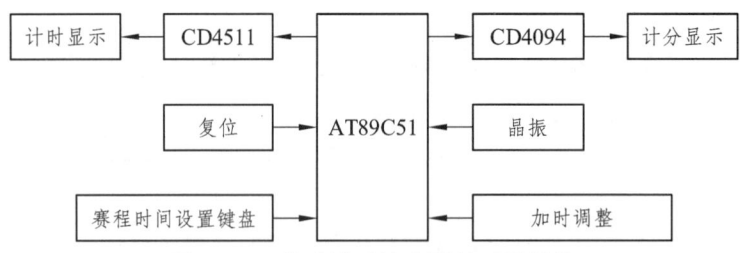

图 5.4.2　篮球计时计分器的系统结构

系统硬件由以下三个部分组成：

（1）处理器：本系统采用 AT89C51 作为核心元件。

（2）显示部分：在本次设计中，共接入 12 个七段共阴极 LED 显示器。其中 6 个用于记录甲、乙两队的分数，每队使用 3 个 LED 显示器，分数范围可达到 0～999 分。另外 6 个 LED 显示器则用于记录赛程的时间。分、秒、进攻时间，各用 2 个 LED 显示。

（3）按键部分：本次设计共用了 10 个按键。其中 4 个来调整甲乙两队的分数，每个队用 2 个按键，分别对分数进行加 1 分和减 1 分操作；2 个按键用来设定比赛时间；2 个按键用来设定进攻时间；剩下 2 个按键一个用来控制比赛时间的开始与暂停，另外一个用来控制进攻时间。当按下比赛开始/暂停按键时，比赛的时间由原来的状态变为另一种状态。进攻调整按键则是在交换球权的时候，用来手动赋予进攻时间初值。

当半场比赛结束的时候，暂停/开始按键还能用来完成交换两队分数的功能。

程序设计

（1）在上电时，先对系统进行初始化，等待时间设定。

（2）当时间设定完成之后，按下开始键，系统显示分值和比赛时间。

（3）进攻时间由设定值减到 0 时，整个系统暂停计时，直到重新按下开始键，进攻时间被重新赋值，开始继续计时。

（4）当按下暂停键时，进攻时间赋初值，停止计时，等待按下继续计时键。

（5）倒计时结束时，发出 10 秒警报。

（6）在整个计时过程中，都可以对甲乙两队分数进行修改。

具体程序代码如下：

```
#include <reg51.h>
#define LEDData P0
unsigned char code LEDCode[]=
  {0x3f,0x06,0x5b,0x4f,0x66,0x6d,0x7d,0x07,0x7f,0x6f};
unsigned char minit,second,count,count1; //分，秒，计数器
sbit add1=P1^0; //甲队加分，每按 1 次加 1 分    /在未开始比赛时为加时间（分）
sbit dec1=P1^1; //甲队减分，每按 1 次减 1 分    /在未开始比赛时为减时间（分）
sbit add2=P1^2; //乙队加分，每按 1 次加 1 分    /在未开始比赛时为加时间（秒）
```

```c
sbit dec2=P1^3;    //乙队减分,每按1次减1分   /在未开始比赛时为减时间(秒)
sbit secondpoint=P0^7;    //秒闪动点
//-----依次点亮数码管的位------
sbit led1=P2^7;
sbit led2=P2^6;
sbit led3=P2^5;
sbit led4=P2^4;
sbit led5=P2^3;
sbit led6=P2^2;
sbit led7=P2^1;
sbit led8=P2^0;
sbit led9=P3^7;
sbit led10=P3^6;
sbit led11=P3^5;
sbit alam=P1^7;    //报警
bit  playon=0;      //比赛进行标志位,为1时表示比赛开始,计时开启
bit  timeover=0;    //比赛结束标志位,为1时表示时间已经用完
bit  AorB=0;        //甲乙队交换位置标志位
bit  halfsecond=0;  //半秒标志位
unsigned int scoreA;//甲队得分
unsigned int scoreB;//乙队得分
void Delay5ms(void)
  {
    unsigned int i;
    for(i=100;i>0;i--);
  }
void display(void)
  {
//----------显示时间分--------------
    LEDData=LEDCode[minit/10];
    led1=0;
    Delay5ms();
    led1=1;
    LEDData=LEDCode[minit%10];
    led2=0;
    Delay5ms();
    led2=1;
//-------------秒点闪动-------------
    if(halfsecond==1)
```

```
            LEDData=0x80;
        else
            LEDData=0x00;
        led2=0;
        Delay5ms();
        led2=1;
        secondpoint=0;
//-----------显示时间秒------------
        LEDData=LEDCode[second/10];
        led3=0;
        Delay5ms();
        led3=1;
        LEDData=LEDCode[second%10];
        led4=0;
        Delay5ms();
        led4=1;
//-----------显示1组分数的百位-------
        if(AorB==0)
            LEDData=LEDCode[scoreA/100];
        else
            LEDData=LEDCode[scoreB/100];
        led5=0;
        Delay5ms();
        led5=1;
//---------------显示1组分数的十位------------
        if(AorB==0)
            LEDData=LEDCode[(scoreA%100)/10];
        else
            LEDData=LEDCode[(scoreB%100)/10];
        led6=0;
        Delay5ms();
        led6=1;
//---------------显示1组分数的个位------------
        if(AorB==0)
            LEDData=LEDCode[scoreA%10];
        else
            LEDData=LEDCode[scoreB%10];
        led7=0;
        Delay5ms();
```

```
        led7=1;
//-----------显示2组分数的百位-------
    if(AorB==1)
        LEDData=LEDCode[scoreA/100];
    else
        LEDData=LEDCode[scoreB/100];
    led8=0;
    Delay5ms();
    led8=1;
//-----------显示2组分数的十位-----------
    if(AorB==1)
        LEDData=LEDCode[(scoreA%100)/10];
    else
        LEDData=LEDCode[(scoreB%100)/10];
    led9=0;
    Delay5ms();
    led9=1;
//-----------显示2组分数的个位-----------
    if(AorB==1)
        LEDData=LEDCode[scoreA%10];
    else
        LEDData=LEDCode[scoreB%10];
    led10=0;
    Delay5ms();
    led10=1;
  }
//==按键检测程序=========
void keyscan(void)
  {
    if(playon==0)
      {
        if(add1==0)
          {
            display();
            if(add1==0);
              {
                if(minit<99)
                    minit++;
                else
```

```
            minit=99;
         }
      do
         display();
      while(add1==0);
   }
if(dec1==0)
   {
      display();
      if(dec1==0);
         {
            if(minit>0)
               minit--;
            else
               minit=0;
         }
      do
         display();
      while(dec1==0);
   }
if(add2==0)
   {
      display();
      if(add2==0);
         {
            if(second<59)
               second++;
            else
               second=59;
         }
      do
         display();
      while(add2==0);
   }
if(dec2==0)
   {
      display();
      if(dec2==0);
         {
```

```
                 if(second>0)
                    second--;
                 else
                    second=0;
              }
           do
              display();
           while(dec2==0);
        }
     }
  else
     {
        if(add1==0)
           {
              display();
              if(add1==0);
                 {
                    if(AorB==0)
                       {
                          if(scoreA<999)
                             scoreA++;
                          else
                             scoreA=999;
                       }
                    else
                       {
                          if(scoreB<999)
                             scoreB++;
                          else
                             scoreB=999;
                       }
                 }
           do
              display();
           while(add1==0);
        }
  if(dec1==0)
     {
        display();
```

```c
                if(dec1==0);
                  {
                    if(AorB==0)
                      {
                        if(scoreA>0)
                          scoreA--;
                        else
                          scoreA=0;
                      }
                    else
                      {
                        if(scoreB>0)
                          scoreB--;
                        else
                          scoreB=0;
                      }
                  }
              do
                display();
              while(dec1==0);
            }
        if(add2==0)
          {
            display();
            if(add2==0);
              {
                if(AorB==1)
                  {
                    if(scoreA<999)
                      scoreA++;
                    else
                      scoreA=999;
                  }
                else
                  {
                    if(scoreB<999)
                      scoreB++;
                    else
                      scoreB=999;
```

```
              }
            }
        do
           display();
        while(add2==0);
      }
    if(dec2==0)
      {
        display();
        if(dec2==0);
          {
            if(AorB==1)
              {
                if(scoreA>0)
                   scoreA--;
                else
                   scoreA=0;
              }
            else
              {
                if(scoreB>0)
                   scoreB--;
                else
                   scoreB=0;
              }
          }
        do
           display();
        while(dec2==0);
      }
    }
  }
//****************主函数********************
void main(void)
  {
    TMOD=0x11;
    TL0=0xb0;
    TH0=0x3c;
    TL1=0xb0;
```

```
        TH1=0x3c;
        minit=15;              //初始值为 15：00
        second=0;
        EA=1;
        ET0=1;
        ET1=1;
        TR0=0;
        TR1=0;
        EX0=1;
        IT0=1;
        IT1=1;
        EX1=1;
        PX0=1;
        PX1=1;
        PT0=0;
        P1=0xFF;
        P3=0xFF;
        while(1)
          {
            keyscan();
            display();
          }
    }
void PxInt0(void) interrupt 0
    {
        Delay5ms();
        EX0=0;
        alam=1;
        TR1=0;
        if(timeover==1)
          {
            timeover=0;
          }
        if(playon==0)
          {
            playon=1;            //开始标志位
            TR0=1;               //开启计时
          }
        else
```

```c
        {
            playon=0;                //开始标志位清零，表示暂停
            TR0=0;                   //暂停计时
        }
    EX0=1;                           //开中断
    }
void PxInt1(void) interrupt 2
    {
        Delay5ms();
        EX1=0;                       //关中断
        if(timeover==1)       //比赛结束标志，一节结束后才可以交换，中途不能交换场地
            {
                TR1=0;               //关闭T1计数器
                alam=1;              //关报警
                AorB=~AorB;          //开启交换
                minit=15;            //并将时间预设为15：00
                second=0;
            }
        EX1=1;                       //开中断
    }
//**************中断服务函数*******************
void time0_int(void) interrupt 1
    {
        TL0=0xb0;
        TH0=0x3c;
        TR0=1;
        count++;
        if(count==10)
            {
                halfsecond=0;
            }
        if(count==20)
            {
                count=0;
                halfsecond=1;
                if(second==0)
                    {
                        if(minit>0)
                            {
                                second=59;
```

```
                minit--;
              }
            else
              {
                timeover=1;
                playon=0;
                TR0=0;
                TR1=1;
              }
          }
        else
          second--;
      }
  }
//****************中断服务函数******************
void  time1_int(void) interrupt 3
  {
    TL1=0xb0;
    TH1=0x3c;
    TR1=1;
    count1++;
    if(count1==10)
      {
        alam=0;
      }
    if(count1==20)
      {
        count1=0;
        alam=1;
      }
  }
```

任务五　密码锁设计

设计要求

单片机 P1 引脚外接独立式按键 S1~S8，分别代表数字键 0~5、确定键、取消键。单片机从 P3.0~P3.3 输出 4 个信号，分别为电磁开锁驱动信号和密码错误指示、报警输出、已开锁指示信号，分别用 LED L1~L4 指示。P3.4 接一有源蜂鸣器，用于产生提示音。

基本要求：

（1）初始密码为"123450"，输完后按确定键开锁，按取消键清除所有输入。每次按键伴有提示音。

（2）密码输入正确后，输出一个电磁锁开锁信号与已开锁信号，并发出两声短"滴"声提示。4 秒后开锁信号与已开锁指示清零。

（3）密码输入错误时，发出一声长"滴"声，同时密码错误指示灯亮；三次密码输入错误时，发出长鸣声报警，同时密码错误指示灯亮，报警指示灯亮，此后 15 秒内无法再次输入密码，15 秒后，清除所有报警和指示。

（4）5 秒内无任何操作后，清除所有输入内容，等待下次输入。

设计目的

熟练掌握单片机应用系统的开发流程，培养动手能力。

参考仿真电路图

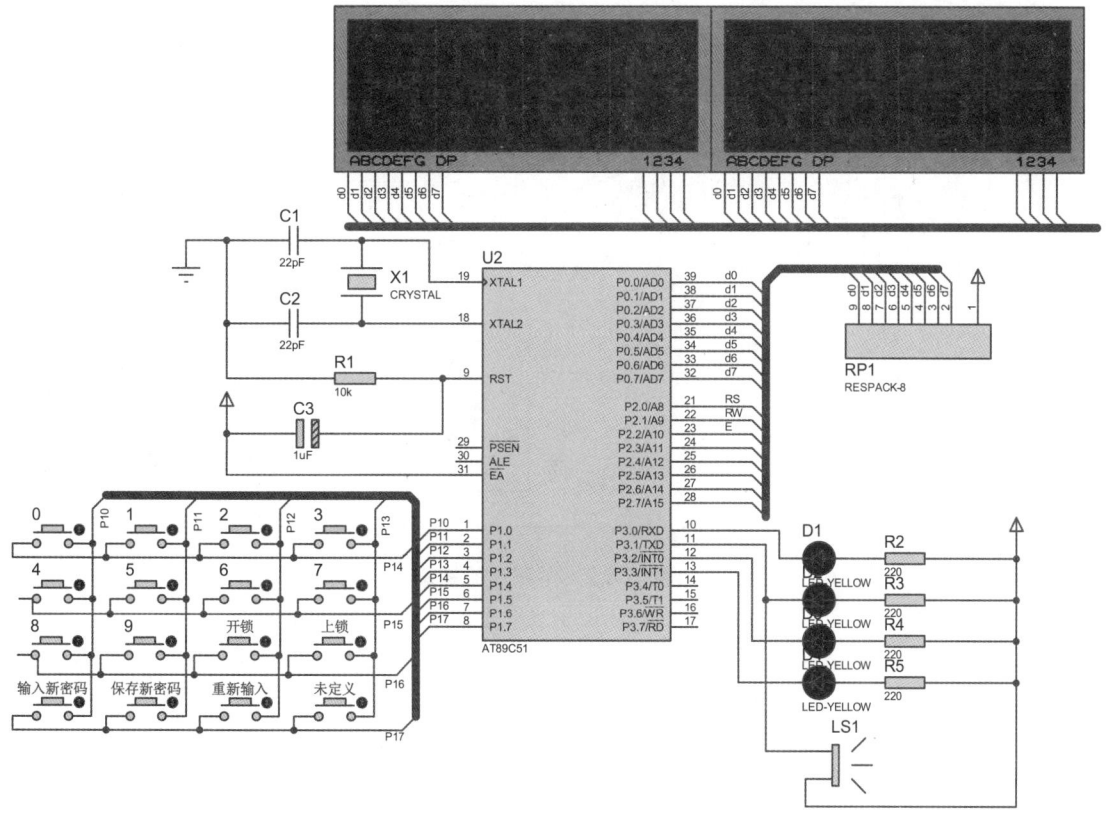

图 5.5.1　参考仿真电路图

程序设计

主程序及中断服务程序流程分别如图 5.5.2 和 5.5.3 所示。具体程序代码如下：

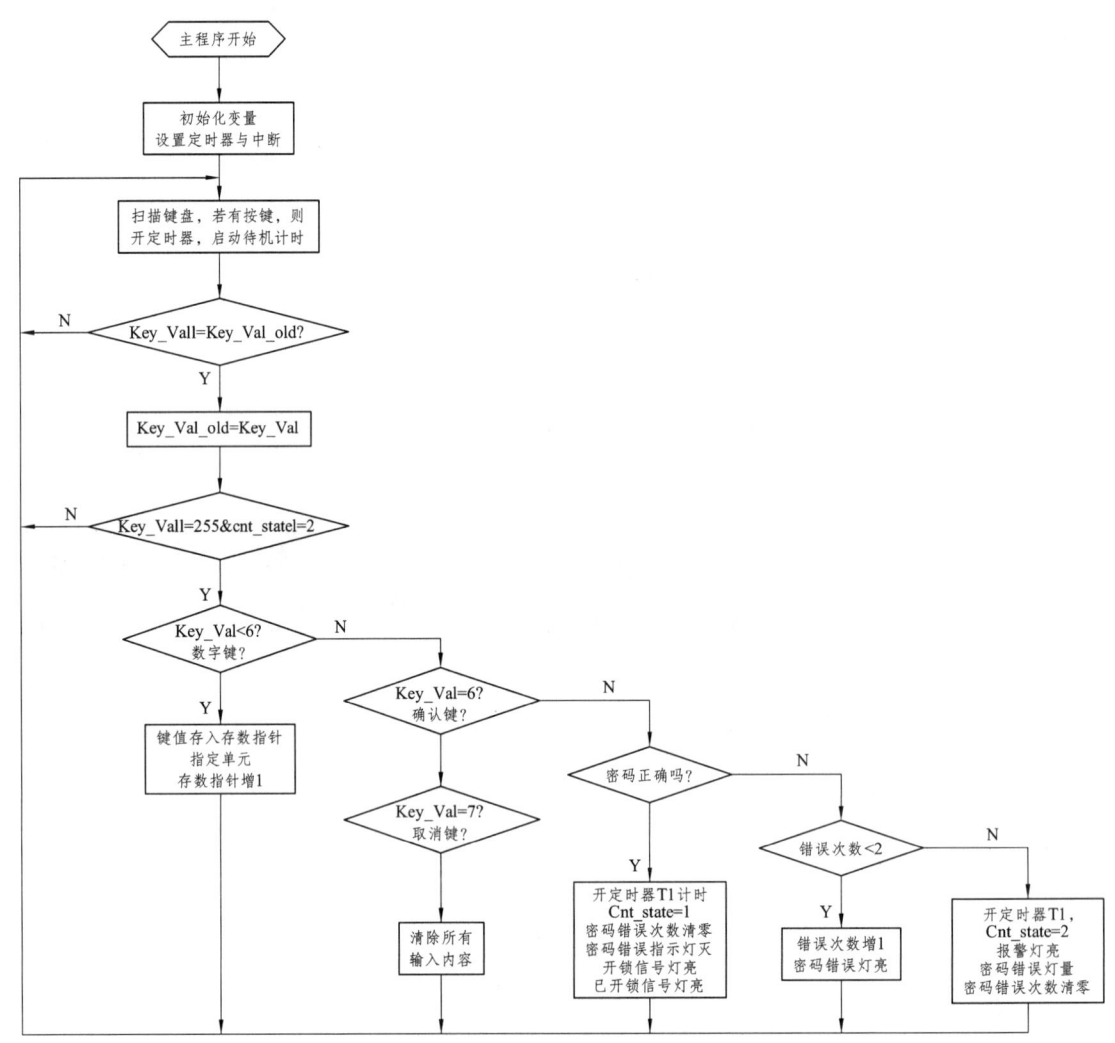

图 5.5.2　主程序流程图

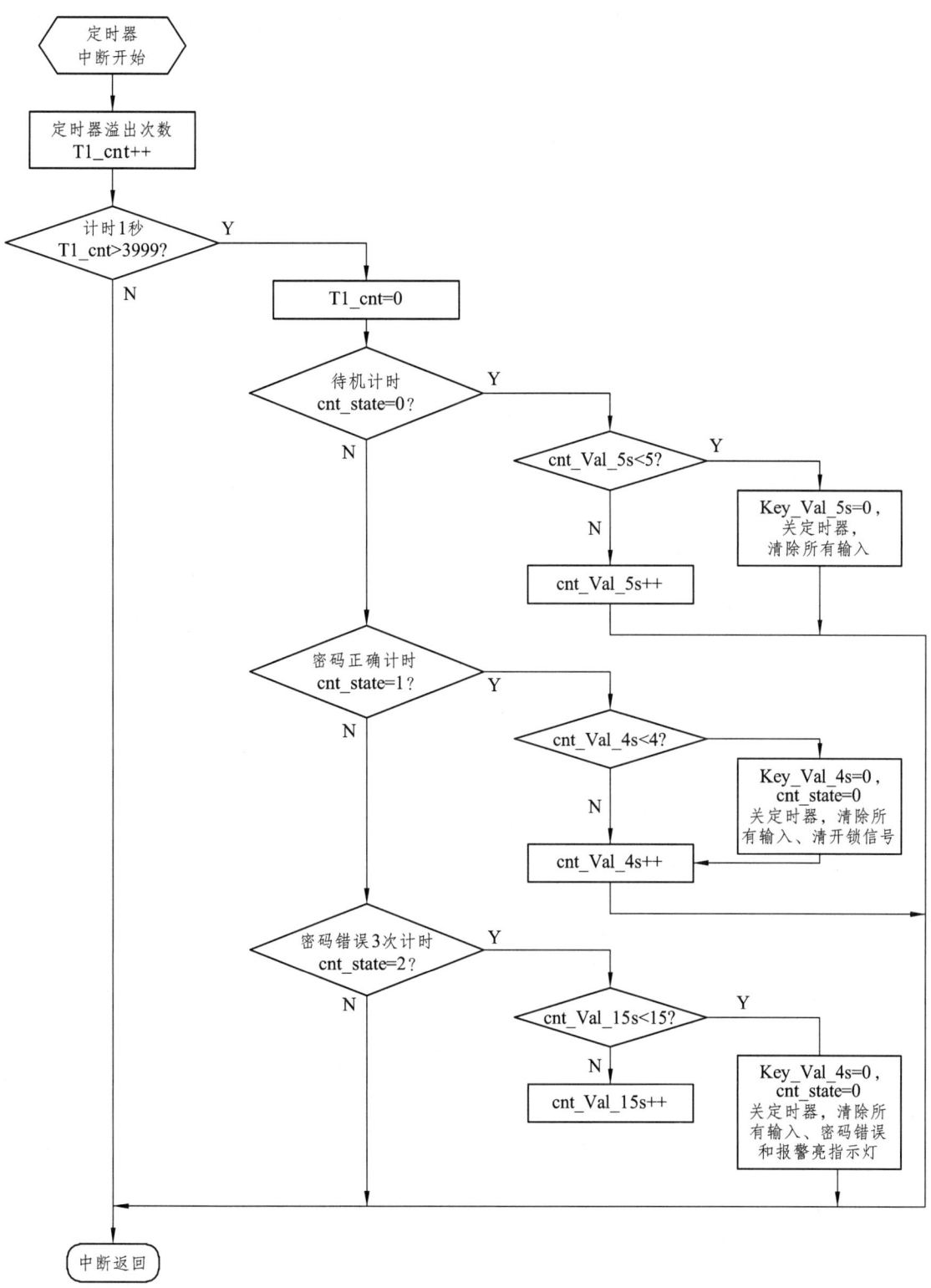

图 5.5.3 中断服务程序流程图

/*本案例按键及显示说明：b 为开始键，a 为确定键，c 为修改键，P.显示为可以输入密码，open 显示为输入密码正确，E 显示为可输入修改密码，ok 显示为修改密码成功，lock 显示为输入密码错误*/

```c
#include <reg51.h>
#define uchar unsigned char
#define uint unsigned int
sbit P3_1=P3^1;//密码错误报警状态位//
sbit P3_0=P3^0;//锁闭状态位//
sbit P3_2=P3^2;//开锁状态位//
sbit P3_3=P3^3;//修改密码状态位//
uchar v;
uchar dis_code[]={0x58,0x58,0x58,0x58,
0x58,0x58,0x58,0x58};    //初始密码 88888888
uchar code mm[]=
   {0x50,0x51,0x52,0x53,0x54,0x55,0x56,0x57,0x58,0x59};//0-9
/////////************ 显示代码数组 ***********/////////
uchar code table1[]={0xC0,0xF9,0xA4,0xB0,0x99,0x92,0x82,0xF8,
                    0x80,0x90,0x0c,0xff,0xa1,0x86,0xc6,0xbf,
                    0x8e,0x8d,0xc8,0x8c,0x84,0x8f,0xc7,0xce,0x88};
//共阳代码表格,分别对应: 0,1,2,3,4,5,6,7,8,9,P.,灭,d,E,c,-,F,n,Y,P,e,K,L//
uchar led[8]={2,0,9,0,3,15,2,2};
uchar ledp[8]={10,11,11,11,11,11,11,11} ;   //p 点显示
uchar ledopen[8]={0,19,20,18,11,11,11,11};   //open 显示
uchar ledlock[8]={22,0,14,21,11,11,11,11};   //lock 显示
uchar ledok[8]={0,21,11,11,11,11,11,11};     //ok 显示
uchar ledenter[8]={20,18,23,20,24,11,11,11};//enter 显示
uchar table[8];
uchar n=0,i,x; //延时子程序
void delay(uint ms) /*延时程序*/
  { uchar z;
     while(ms--)
        { for(z=0;z<120;z++); } }
void dey ()
  { uchar i;
     for(i=121;i!=0;i--) {;}  }
void display()
  {
      uchar p , q ,m=7,c,wei=0xfe,ws=8;  //显示程序 //
       while(ws)
```

```c
            {
                c=led[m];
                ws--;
                P2= wei ;
                P0=table1[c];
                dey ();
                p=wei<<1;
                q=wei>>7;
                wei=p|q;
                m--; } }          //******键处理*****//
uchar keychuli()
    { P1=0xf0;                    //发全列0扫描码
        P1=P1&0xf0;               //若有键按下
        return (P1); }            //*****键扫子程序****///
uchar key()
    {
        uchar scan,tmp,chizhi;    //列，行
        chizhi=keychuli();
        if(chizhi!=0xf0)
          {
            delay(5);             // 延时去抖
            chizhi=keychuli();    //延时再判键是否还按下
            if(chizhi!=0xf0)
              { scan=0xfe;
                while((scan&0x10)!=0)     //逐列扫描
                  {
                    P1=scan;              //输出列扫描码
                    if((P1&0xf0)!=0xf0)   //本列有键按下
                      { tmp=(P1&0xf0)|0x0f;
                        return ((~scan)|(~tmp));}   //返回键值
                    else scan=(scan<<1)|0x01;       //列扫描码左移1位
                  } } }
        return (0); }    //无键按下,返回0 }
void delay1(uint m)
    { while(m--); }    //****输入密码函数******//
void srmm()
    {
        while(1)
          {
```

```
            v=key();
            if(v==0x11||v==0x12||v==0x14||v==0x21||v==0x22||
               v==0x24||v==0x41||v==0x42||v==0x81 ||v==0x82)
             {
               delay(200);
               switch(v)
                 {
                   case 0x11:table[n]=mm[0];break;//显示1杠
                   case 0x21:table[n]=mm[1];break;
                   case 0x41:table[n]=mm[2];break;
                   case 0x81:table[n]=mm[3];break;
                   case 0x12:table[n]=mm[4];break;
                   case 0x22:table[n]=mm[5];break;
                   case 0x42:table[n]=mm[6];break;
                   case 0x82:table[n]=mm[7];break;
                   case 0x14:table[n]=mm[8];break;
                   case 0x24:table[n]=mm[9];break;
                   default:break;      }
            x=led[n]=15;display();delay(100);
            n++;
            if(n==8)
              {n=0;break;}    }    } }//********密码处理函数****//
void mmchuli()
  {
   if(table[0]==dis_code[0]&&table[1]==dis_code[1]&&table[2]==
      dis_code[2]&&table[3]==dis_code[3]&&table[4]==
      dis_code[4]&&table[5]==dis_code[5]&&table[6]==
      dis_code[6]&&table[7]==dis_code[7])
     {
      for(i=0;i<8;i++)
      led[i]=ledopen[i];
      P3_2=0;
      P3_0=1;
      xianshi:display();//显示open,代表密码输入正确
      v=key();
      if( v!=0x18)
      goto xianshi;  //修改密码键c
      led[0]=13;
      P3_3=0;
```

```c
          display();//显示 e
          delay(500);
          while(1)
            {
                v=key();
                if(v==0x11||v==0x12||v==0x14||v==0x21||v==0x22||v==0x24||
                    v==0x41||v==0x42||v==0x81 ||v==0x82)
                  {
                     delay(200);
                     switch(v)
  {
    case 0x11:table[n]=mm[0];dis_code[n]=table[n];break;//显示1杠
    case 0x21:table[n]=mm[1];dis_code[n]=table[n];break;
    case 0x41:table[n]=mm[2];dis_code[n]=table[n];break;
    case 0x81:table[n]=mm[3];dis_code[n]=table[n];break;
    case 0x12:table[n]=mm[4];dis_code[n]=table[n];break;
    case 0x22:table[n]=mm[5];dis_code[n]=table[n];break;
    case 0x42:table[n]=mm[6];dis_code[n]=table[n];break;
    case 0x82:table[n]=mm[7];dis_code[n]=table[n];break;
    case 0x14:table[n]=mm[8];dis_code[n]=table[n];break;
    case 0x24:table[n]=mm[9];dis_code[n]=table[n];break; }
                    led[n]=15;display(); delay(100);
                    n++;
                    if(n==8)
                      {
                        n=0;break;} }        }
            do{v=key();}
            while(v!=0x44);//确定
            for(i=0;i<8;i++)
            led[i]=ledp[i];
            for(i=0;i<8;i++)
            led[i]=ledok[i];
            P3_3=1;
            P3_2=1;
            display();//修改成功,显示 ok
            delay(120);         }
  else
    { P3_1=0;   delay(1000);   P3_1=1;
      for(i=0;i<8;i++)
      led[i]=ledlock[i];
```

```
            display();//显示 lock，代表输入错误
            delay(150);     }   }   //************监控程序*********//
void main()
  {
    while(1)
      {
        xuehao: display();
        v=key();
        if( v!=0x84)//等待按开始键，B 为开始，键码为 84H
        goto xuehao;
        for(i=0;i<8;i++)
          led[i]=ledp[i];
          P3_0=0;
          display( );//显示 P 点
          srmm();
        do{v=key();}
        while(v!=0x44);    //等待确定，A 为确定，键码为 44H
        mmchuli();    }    }
```

附录 1
Proteus 软件的使用方法

（1）新建设计文件，设置图纸尺寸，设置网格，保存设计文件。文件名为"signal"。

（2）选取元器件。有 AT89C51（单片机）、CRYSTAL（晶振）、CAP（电容）、CAP-ELEC（电解电容）、RES（电阻）、LED-YELLOW（黄色 LED）、LED-GREEN（绿色 LED）、LED-RED（红色 LED）、SW-SPST（单刀单掷开关）、74LS86（异或门）、74LS04（非门）等。

（3）放置元器件，编辑元器件，放置终端、连线。

（4）设置元器件属性并进行电气规则检测。先右击再单击各元器件，按要求设置元器件的属性值。单击"工具"→"电气规则检查"，完成电气检测。

（5）添加源程序，编辑源程序，编译源程序。源文件名为"XXXXX.asm"。

（6）加载目标代码文件。"Clock Frequency"栏中的频率要设为 12 MHz。

（7）仿真。单击仿真工具栏"运行"按钮，单片机全速运行程序。

附录 2
Keil 软件的使用方法

（1）新建工程文件，选择单片机型号为 Atmel 的 89C51。

（2）建立源文件，加载源文件（右击工程窗口中的 source group 1，在弹出的快捷菜单中选择"增加文件到组 source group 1"）。汇编源文件扩展名为.asm，C 源程序文件扩展名为.c。

（3）设置工程的配置参数（在工程窗口中右击 target 1，在弹出的快捷菜单中选择"设置目标 target 1 的属性"）。设置"目标"标签页中的晶振频率。选中"输出"标签页的"生成 HEX 文件"选择框。

（4）进行编译和链接。

（5）进入调试模式，打开 P1 口、P2 口、P3 口对话框和存储器窗口。

（6）全速运行程序。

参考文献

[1] 何立民. 单片机应用技术选编[M]. 北京：北京航空航天大学出版社，2006.
[2] 李朝青. 单片机&DSP外围数字IC技术手册[M]. 北京:北京航空航天大学出版社，2005.
[3] 张迎新. 单片微型计算机原理、应用及接口技术[M]. 北京：国防工业出版社，2004.
[4] 胡汉才. 单片机原理及其接口技术[M]. 北京：清华大学出版社，2004.
[5] 刘瑞新，赵全利. 单片机原理及应用教程[M]. 北京：机械工业出版社，2003.
[6] 刘光斌. 单片机系统实用抗干扰技术[M]. 北京：人民邮电出版社，2003.
[7] 陈丽芳. 单片机原理与控制技术[M]. 南京：东南大学出版社，2003.
[8] 冯博琴，吴宁. 微型计算机原理与接口技术[M]. 北京：清华大学出版社，2002.
[9] 周航慈. 单片机应用程序设计技术[M]. 北京：北京航空航天大学出版社，2002.
[10] 付家才. 单片机实验与实践[M]. 北京：高等教育出版社，2006.
[11] 宋坤，邹天思. Delphi数据库系统开发完全手册[M]. 北京：人民邮电出版社，2006.
[12] 叶核亚. Delphi程序设计[M]. 北京：人民邮电出版社，2006.
[13] 沙占友，孟志永，王彦朋，等. 单片机外围电路设计[M]. 北京：电子工业出版社，2006.
[14] 张迎新. 单片机初级教程[M]. 北京：北京航空航天大学出版社，2006.
[15] 刘山，赵辉. Delphi系统开发实例精粹[M]. 北京：人民邮电出版社，2005.
[16] 朱善君，孙新亚，吉吟东. 单片机接口技术与应用[M]. 北京：清华大学出版社，2005.
[17] 徐煜明，韩雁. 单片机原理及接口技术[M]. 北京：电子工业出版社，2005.
[18] 马淑华，王凤文，张美金. 单片机原理与接口技术[M]. 北京：北京邮电大学出版社，2005.
[19] 张毅刚. 单片机原理及应用[M]. 北京：高等教育出版社，2004.